Alle Anfragen und Mitteilungen sind zu richten an die Anschrift: Sonnblick-Verein, Wien XIX, Hohe Warte 38.

Schrifttum des Sonnblick-Vereines

Dem Vereinsarchiv steht noch eine Anzahl von bisher erschienenen Jahresberichten zur Verfügung, die an Mitglieder und Interessenten abgegeben werden können. Preis auf Anfrage. Bekanntlich erschienen diese Jahresberichte seit der Gründung des Sonnblick-Vereines im Jahre 1892 jährlich und erlitten erst im Jahre 1938 die zeitbedingte Unterbrechung.

Die Meteorologie des Sonnblicks

Beiträge zur Hochgebirgsmeteorologie

I. Teil

Nach den Ergebnissen einer 50 jährigen Beobachtungsreihe am Sonnblickobservatorium, 3106 m

Von Prof. Dr. Ferdinand Steinhauser, Wien

Herausgegeben vom Sonnblick-Verein, Wien 1938

Seit dem Bestand hat das Observatorium auf dem Sonnblick in bisher sonst nirgends erreichter Art eine Geschichte des meteorologischen Geschehens in der die 3000-m-Grenze überragenden Gipfelregion eines Hochgebirges geliefert. Diese ist in einer ungeheuren Zahlenmenge niedergelegt und enthält in seiner Bearbeitung das Wesentliche und Gesetzmäßige in übersichtlicher Form.

Aus dem Inhalt sei besonders auf die in ihrer Art erstmalige Darstellung der Feinstruktur des Klimas der Gipfelregion des Hochgebirges der Alpen hingewiesen, wie sie sich in den Jahresabläufen der verschiedenen meteorologischen Elemente einerseits und in den Häufigkeitsverteilungen der Einzelwerte andererseits zeigt. Ferner werden neben den Jahresgängen, Tagesgängen und der Veränderlichkeit der einzelnen meteorologischen Elemente auch ihre säkularen Änderungen, ihre Abweichungen von den Verhältnissen der freien Atmosphäre wie auch ihre gegenseitige Beeinflussung behandelt. So hat dieses Buch über eine meteorologische Monographie hinaus auch allgemein Bedeutung. Im Anhang sind in 25 Tabellen Monatswerte der einzelnen Jahre abgedruckt. Ein dem Buch beigegebenes Panorama gibt eine Vorstellung von der überragenden Lage des Observatoriums und zugleich auch einen schönen Überblick über das Gipfelmeer der Ostalpen.

Der Band wird an Mitglieder des Vereines bei direktem Bezug zu einem Vorzugspreis abgegeben. Im Buchhandel ist er zum Preis von S 60.— durch jede Buchhandlung zu beziehen.

49.—50. Jahresbericht

des

Sonnblick-Vereines

für die Jahre 1951—1952

Geleitet von Prof. Dr. F. Steinhauser

INHALT

Mit einer ganzseitigen Bildtafel
und 21 Abbildungen im Text

Wien
Kommissionsverlag von Springer-Verlag
1954

ISBN 978-3-211-80339-4
DOI 10.1007/978-3-7091-5526-4

ISBN 978-3-7091-5526-4 (eBook)

Springer-Verlag Berlin Heidelberg

1954

Druck von Adolf Holzhausens Nfg., Wien

Von J. Lukesch, Wien

Der Gedanke, eine Seilbahn auf den Gipfel des Hohen Sonnblick zu bauen, ist keineswegs neu, er liegt dort sozusagen in der Luft. Jedem Bergwanderer, der von Kolm-Saigurn auf den Hohen Sonnblick steigt, fallen die Überreste des „Aufzuges“, den der Gewerke Ignaz Rojacher zur Erleichterung des Golderztransportes gebaut hat, in die Augen, insbesondere der einsam zum Himmel emporragende Giebel des Radhauses, an welchem man noch vor wenigen Jahrzehnten die „lärchbaumene“ Achse des Wasserrades sehen konnte. Diese Vorrichtung Rojachers hat allerdings bloß die Hälfte des Höhenunterschiedes zwischen Kolm und dem Sonnblick überbrückt. Auch sagte man dieser Bahn Unrentabilität nach, was für die damalige Zeit zutreffen mag, wenn man die geringe Entlohnung bedenkt, die damals für menschliche Arbeitsleistung bezahlt wurde.

Nach dem ersten Weltkriege gab es einen allgemeinen Aufschwung im Seilbahnbau. Hatte man doch während dieses Krieges besonders an den Gebirgsfronten zahlreiche Seilbahnen gebaut und reiche Erfahrungen sammeln können. Nach dem Kriege begann man, gestützt auf diese Erfahrungen, Seilbahnen für friedliche Zwecke zu bauen, Materialseilbahnen zur Versorgung schwer zugänglicher Orte oder Personenseilbahnen auf beliebte Berge. Als die immerhin finanzkräftige Kaiser-Wilhelm-Gesellschaft sich für das Sonnblick-Observatorium interessiert hatte, schien die Möglichkeit, auch auf den Sonnblick eine Seilbahn zu bauen, schon nähergerückt. Im Jahre 1929 wurde Ing. Tritschel beauftragt, ein Seilbahnprojekt für eine Materialseilbahn auf den Hohen Sonnblick zu entwerfen. Nach der Trassierung wurde ein Kostenvoranschlag aufgestellt, der die Höhe von 80.000 Schilling erreichte. Dieser Betrag erschien unaufbringbar, und so wurde der Plan fallengelassen. Dies um so leichter, als ja der Alpenverein sich verpflichtet hatte, das Observatorium mit dem nötigen Brennmaterial zu versorgen. Dieses war ja dem Gewichte nach das beträchtlichste Versorgungsgut.

Dieser Zustand währte bis zum Ausbruch des zweiten Weltkrieges. Dann trat die allgewaltige und sich für alles interessierende Wehrmacht auf den Plan, nistete sich auf dem Sonnblick ein und versorgte mit militärischen Trägerkolonnen das Observatorium. Der Sonnblick-Verein, der durch Jahrzehnte hindurch diese Gipfelstation erhalten hatte, wurde kurzerhand zur Seite geschoben. Als aber dann der Zusammenbruch des Jahres 1945 kam, war es doch wieder nur der Sonnblick-Verein und insbesondere dessen damaliger Präsident und jetziger Ehrenpräsident Prof. Ficker, der Mittel und Wege suchte und fand, den ungestörten Betrieb des Sonnblick-Observatoriums zu ermöglichen. Diese Bestrebungen fanden tatkräftige Hilfe in dem früheren Angehörigen des österreichischen Flugwetterdienstes Dr. Mesal, der zu dieser Zeit bei der Bezirkshauptmannschaft in Zell

am See tätig war und durch seine Stellung immer wieder Mittel und Wege fand, das Observatorium zu versorgen. Dr. Mesal dachte noch weiter, er ging mit erstaunlichem Optimismus daran, das alte Seilbahnprojekt zu verwirklichen. Zu diesem Zwecke gründete er eine Interessengemeinschaft, die den Seilbahnbau zum Ziele hatte. Mit raschem Entschluß wurde der Bau der Firma Pohlig Leibnitz, übertragen, und im Anschluß an die 60-Jahr-Feier des Observatoriums konnte Dr. Mesal den ersten Handgriff für den Bau der Sonnblickseilbahn tun. Die Bahn wurde als Provisorium gebaut, es war gedacht, sie stabiler auszubauen. Aber das Interesse der obgenannten Gemeinschaft hielt nicht in dem Maße an, als es für die Fertigstellung dieses Provisoriums notwendig gewesen wäre und so erlag diese Bahn am 13. August 1949 einem heftigen Nordweststurm. Bloß das Tragseil, das allerdings ohne Stütze am Felsen auflag, stellte noch eine Verbindung vom Gipfel zum Tale her. In dem darauffolgenden Winter konnte die notwendigste Versorgung nur durch die Hilfeleistung amerikanischer Heeresflugzeuge erreicht werden. Dies war aber nur

ein sehr unrationeller Notbehelf, denn einerseits war die Tragfähigkeit der für diesen Zweck brauchbaren Flugzeuge nicht allzugroß, dann aber war der Abwurf doch sehr ungenau, und ein beträchtlicher Teil der Abwurfgüter fiel in die unzugängliche Nordwand anstatt auf den Gletscher in der Nähe des Zittelhauses.

Nun war es klar, daß etwas geschehen mußte. Zudem waren ja durch die relativ guten Verdienstmöglichkeiten beim Bau der Tauernkraftwerke Träger im Raurisertal nur schwierig zu bekommen, die Löhne dementsprechend hoch. Im Winter 1949/50

wurde Brennholz mittels einer Motorwinde, die einen Schlitten hochzog, etappenweise auf den Gipfel gebracht. Auch diese Methode war nicht billig und sehr von den Schneeverhältnissen abhängig. Der Sonnblick-Verein wandte sich nun mit dem Notruf „Rettet den Sonnblick“ an die Öffentlichkeit. Dieser Ruf fand ein mehrfaches Echo. Die Musiker der Staatsoper an der Volksoper veranstalteten in selbstloser Weise ein Festkonzert, aber ganz unerwartet hatte dieser Hilferuf auch bei Schulkindern Aufnahme gefunden. Nach mehreren Lichtbildvorträgen von Sonderschullehrer E. Bendl waren Schüler und Lehrer im 22. Wiener Gemeindebezirk für die Sonnblicksache gewonnen, sie sammelten einen Betrag, der zahlengleich der Meereshöhe des Sonnblicks in Metern ist, nämlich 3106 Schilling. Im Rahmen einer schlichten, aber eindrucksvollen Schulfeier wurde dieser Betrag dem Sonnblick-Verein als erster Baustein für die zu errichtende Seilbahn überreicht. Ausgehend von dieser Sammlung wurde beim Stadtschulrat für Wien insbesondere durch den für den genannten Bezirk zuständigen Bezirksschulinspektor, den im heurigen Jahre leider verstorbenen Bezirksschulinspektor Reg.-Rat Spitzer, erreicht, daß diese Sammlungen in ganz Wien und später sogar im ganzen Bundesgebiet durchgeführt werden konnten. Als Treuhänder für die so aufgebrachten Gelder wurde der „Verein zur Errichtung einer Seilbahn auf den Hohen Sonnblick“ ins Leben gerufen. Zweck des Vereines ist die Bereitstellung der für den Seilbahnbau notwendigen Mittel. Nach den Vereinsstatuten löst sich der Verein nach Erreichung dieses Zieles auf, die Bahn geht in das Eigentum des Sonnblick-Vereines über. Mitglieder der Vereinsleitung sind zur Hälfte Angehörige des Lehrberufes, zur anderen Hälfte Mitglieder des Sonnblick-Vereines. Der erste Obmann des Vereins, Sonderschuldirektor Franz Stockhammer, hat sich insbesondere die technische Durchführung des Seilbahnbaues sehr angelegen sein lassen. Durch diese Sammelaktion der Schulkinder wurde nun der ansehnliche Betrag von 100.000 Schilling aufgebracht. Aber ausgelöst durch diese in weiten Kreisen bekanntgewordene Opferfreudigkeit der Kinder stellten sich auch andere Spenden ein. Als erste trat mit einer namhaften Spende die Österreichische Kasino A.G. auf, die ebenfalls 100.000 Schilling gab. Aber auch das offenbar doch noch nicht tote Mäzenatentum der Großindustrie kam dem Unternehmen zu Hilfe: Die Vereinigten Österreichischen Eisen- und Stahlwerke spendeten eine Stahlstütze, deren Montage zudem noch auf Werkskosten durchgeführt wurde. Besonders entscheidend war aber auch die kostenlose Überlassung eines Dieselmotors, der, auf dem Gipfel untergebracht, den Antrieb der Bahn besorgen wird. Dieses Geschenk kam von der Simmering-Graz-Pauker A. G., die zudem auch noch die nicht einfache Montage auf dem Berggipfel durchführen ließen.

Eine ganz wesentliche Hilfe kam auch von den Österreichischen Tauernkraftwerken,

die die Arbeiten für das Ausbringen der Seile durch ihre Arbeiter und Ingenieure durchführte. Durch all diese Bemühungen gelang es, im Sommer 1953 einen Notbetrieb einzurichten, durch den immerhin gegen 10 t Versorgungsgüter auf den Berg gebracht werden konnten. Sehr nachteilig wirkt sich derzeit noch aus, daß das Zugseil nur einfach und über eine Winde läuft. Es kommt dabei unvermeidlich zu Beschädigungen und Rissen dieses Seiles, das ja vielfach am Boden schleift und dabei Schaden leidet. Für den endgültigen Betrieb ist ein umlaufendes Zugseil vorgesehen, dieses kann aber erst dann aufgezogen werden, wenn auf dem Berggipfel die dafür vorgesehene Station gebaut sein wird. Die Talstation ist schon seit dem Herbst 1952 fertig, allerdings noch nicht zur Gänze bezahlt. Bezüglich der Bergstation ist man derzeit noch ganz auf Schuldenmachen angewiesen. Es besteht jedoch die begründete Hoffnung, daß die 200.000 Schilling, die derzeit für die Bezahlung von Materialien und schon geleisteter bzw. noch zu leistender Arbeiten notwendig sind, durch Verständnis öffentlicher Stellen und Großmut Privater aufgebracht werden können.

Auf einigen diesem Jahresbericht beigegebenen Abbildungen sind Aufnahmen des Sonnblickgebietes und des Seilbahnbaues wiedergegeben.

Einige technische Daten der Seilbahn: Talstation in Kolm-Saigurn (1600 m), Mittelstütze 15 m hoch (2000 m), Bergstation Sonnblickgipfel (3100 m). Länge der Seilbahntrasse 3000 m. Einspuriger Pendelbetrieb mit umlaufenden Zugseil. Durchmesser des Zugseils 11 mm, des Tragseils 17,5 mm. Der Antrieb, von der Fa. Girak, Korneuburg, hergestellt, befindet sich auf dem Gipfel und ist mit einer „Heinrich-Kupplung“ mit dem 35 PS Simmeringer Dieselmotor Type G 2 verbunden. Die Nennleistung von 35 PS sinkt in einer Höhe von 3000 m auf eine effektive Leistung von 26 PS. Für den Bau der Berg- und Talstation sind ca. 60 m^3 Schnittholz, 120 m^3 Betonarbeiten und 100 m^3 Felssprengung erforderlich.

Von der schweizerischen Schnee- und Lawinenforschung

Von M. de Quervain, Leiter des Eidg. Instituts für Schnee- und Lawinenforschung, Weißfluhjoch/Davos

Bis in jüngere Zeit hat die naturwissenschaftliche Forschung dem Schnee, einem der gewöhnlichsten und verbreitetsten Stoff, recht wenig Interesse entgegengebracht. Er erschien als Material zu wenig definiert und offenbar problemlos. Die Gletscher dagegen vermochten dank ihrer seltsamen Bewegungserscheinungen und gewiß auch wegen ihrer Abgeschiedenheit seit jeher Naturforscher in ihren Bann zu ziehen. Gegen Ende des letzten Jahrhunderts haben der aufstrebende Tourismus und die mit der Erschließung der Bergwelt sich immer mehr verstärkende Forderung nach besserem Lawinenschutz doch

Abb. 1. Eidg. Institut für Schnee- und Lawinenforschung rechts von der Bergstation der Parsennbahn. (Weißfluhjoch ob Davos, 2663 m)

ein vermehrtes Studium der alpinen Schneedecke veranlaßt. Zunächst waren es einzelne Forscher wie die Schweizer J. Coaz, A. Heim, dann der Deutsche W. Paulcke und andere, die Phänomene der Schneeablagerung, Schneeumwandlung und der Lawinenbildung beschrieben. Ihre Arbeiten entsprangen hauptsächlich einer geologisch-geographischen Denkweise, soweit sie nicht, wie bei Coaz, den rein technischen Lawinenschutz betrafen. Es fehlte aber noch weitgehend an physikalisch messenden Untersuchungen. Nach der Gründung der Schweizerischen Schnee- und Lawinenforschungskommission (1932) wurde diese Untersuchungsweise erstmals von einer Gruppe von Wissenschaftern verschiedener Fachgebiete mit gemeinsamer Zielsetzung eingeschlagen. Es dauerte nochmals rund zehn Jahre — eine Zeit reicher Ernte —, bis aus diesem Team die gegenwärtige permanente Belegschaft des Eidg. Instituts für Schnee- und Lawinenforschung hervorging und bis auf Weißfluhjoch (2670 m ü. M.) dank der Initiative von R. Haefeli an Stelle einer schlichten Bretterhütte das jetzige Institutsgebäude (Abb. 1) errichtet werden konnte (1942). Heute mutet es wie ein Wunder an, daß es gelang, dieses Werk zu schaffen, in einer Zeit, da Europa ringsum in Trümmer fiel und die Schweiz selbst in ihrer Existenz bedroht war.

Selbstverständlich geht die Errichtung des Instituts auf ein unmittelbares praktisches Bedürfnis zurück. Ein Hinweis auf die rund tausend Schadenlawinen des Winters 1950/51 dürfte als Nachweis der wirtschaftlichen Bedeutung der Lawinenforschung genügen. Daß sich aber die Eidgenössische Zentralverwaltung mit diesem Problem befaßt, ist nicht so selbstverständlich. Der Lawinenschutz ist nämlich in der Schweiz zunächst eine Angelegenheit der Gemeinden. Da aber die erforderlichen Maßnahmen oft über die Kräfte der wirtschaftlich ohnehin schwachen Berggemeinden gehen, nehmen die Kantone und der Bund, denen an der Besiedlung der Bergtäler gelegen ist, den Gemeinden in der Regel den größten Teil der Last ab. Um eine zweckmäßige und wirtschaftliche Verwendung der Mittel sicherzustellen, hat der Bund die grundlegenden Studien über den Lawinenschutz selbst an die Hand genommen und zuerst der erwähnten Forschungskommission und später dem der Eidgenössischen Inspektion für Forstwesen angegliederten Schneeforschungsinstitut übertragen. Die aus Vertretern der Hochschulen und Praxis zusammengesetzte Schnee- und Lawinenforschungskommission übt weiterhin die wissenschaftliche Beratung aus.

Res publica und Alma mater haben sich bisher als gut harmonierende und großzügige Eltern erwiesen. Ohne die praktischen Aufgaben aus den Augen zu verlieren, haben sie die Entfaltung einer freien Grundlagenforschung uber alle mit Schnee und Eis zusammenhängenden Fragen ermöglicht, handle es sich nun um Korngrenzenverschiebungen im Eisaggregat oder um die Aerodynamik des Schneetreibens, um den Mechanismus der Lockerschneelawine oder um die Strahlungsabsorption von Schnee. Es ist ja eine allgemeine Erfahrung, daß in freier Forschung oft zweckmäßigere Lösungen gefunden werden als unter einem allzu eng auf ein praktisches Ziel gerichteten Programm.

Natürlich kann man mit einem Dutzend Mitarbeitern, alle Hilfskräfte eingeschlossen, unmöglich den ganzen Problemkreis gleichzeitig und mit derselben Intensität bearbeiten. Nachdem im ersten Jahrzehnt auf einem breiten Gebiet verhältnismäßig rasch grundlegende Ergebnisse gewonnen werden konnten, gilt es nun heute, diese Resultate nach und nach zu vertiefen und auszubauen und nach Möglichkeit der Praxis dienstbar zu machen.

Das gesamte Arbeitsgebiet läßt sich zur Zeit etwa folgendermaßen gliedern: Da sind einmal die laufenden Beobachtungen über die Schneedecke, wie sie nun in immer eingehenderer Weise seit über 15 Jahren am gleichen Ort gesammelt werden. Sie liefern einerseits einen Teil der Unterlagen für das allwöchentlich ausgegebene Lawinenbulletin, anderseits beginnen sie zum aufschlußreichen statistischen Material über die Schneeverhältnisse einer alpinen Station anzuwachsen. Auch die meteorologischen Beobachtungen und Registrierungen besitzen diese doppelte Bedeutung, indem sie der momentanen Lawinenbeurteilung wie dem grundsätzlichen Studium der Wechselbeziehung zwischen Schneedecke und Atmosphäre dienen. Und ganz ähnlich zu werten sind schließlich die Wetter- und Schneemeldungen, die von 45 über das schweizerische Alpengebiet verstreuten Vergleichsstationen täglich über Telegraph und Fernschreiber nach Weißfluhjoch gegeben werden. Diese Stationen sind die in alle Täler blickenden Augen des Instituts.

Von der Meteorologie ist es nicht weit zur Hydrologie. Messungen über Niederschlag, Abfluß und Verdunstung — kurz über die Wasserbilanz der Schneedecke — gehören seit den Pionierarbeiten von J. C. Church in den Weststaaten der USA zu den verbreitetsten Schneebeobachtungen. Sie sind auch auf Weißfluhjoch heimisch geworden.

Einen breiten Raum nimmt die Schneemechanik ein. Sie sucht zunächst alle mechanischen Eigenschaften des abgelagerten Schnees zu ergründen und den Schnee in die Systematik der Stoffe einzuordnen. Als Material von veränderlicher Raumbeanspruchung, nicht fest, auch nicht flüssig, setzt er diesem Bestreben erheblichen Widerstand entgegen. In glücklicher Weise eilt da die Kristallographie zu Hilfe, indem sie Licht in das Geheimnis der kristallinen Metamorphose bringt und äußere Erscheinungen auf innere Vorgänge zurückführt.

Ist einmal das grundsätzliche Verhalten des Schnees gegen äußere und innere Kräfte erforscht, mit anderen Worten, weiß man Bescheid über seine Festigkeit, Elastizität und Plastizität bei Zug-, Druck- und Scherbeanspruchung und über die Temperaturabhängigkeit aller dieser Größen, kann man an die Aufgabe herantreten, die Spannungserscheinungen und die Bewegungsvorgänge in der natürlichen Schneedecke zu analysieren. Als Ziel schwebt die Abklärung der Lawinenbildung und letztlich die Lawinenprognose

Abb. 2. Mechanisches Schneelaboratorium (—5°). In der Bildmitte: Rotationszerreißapparat zur Messung der Zugfestigkeit von Schnee.

vor. Parallel zu diesem naturwissenschaftlichen Problem läuft eine ingenieurwissenschaftliche Aufgabe. Fragt man nach den Kraftwirkungen, welche die langsam kriechende oder schnell abgleitende Schneedecke auf ein Hindernis ausübt, und nach den Konstruktionen, die in der Lage sind, solche Kräfte auszuhalten, um gegebenenfalls die Schneebewegung zu bremsen oder zu verhindern, steht man mitten im technischen Grundproblem der Lawinenverbauung und damit vor der praktischen Hauptaufgabe des Instituts.

Es ist naheliegend, daß ein Laboratorium, das sich mit dem Schnee als einer Erscheinungsform des Eises auseinandersetzt, auch gewisse Möglichkeiten bietet, andere Eisprobleme zu untersuchen. Die Reifbildung an Freileitungen und Flugzeugen und das Problem ihrer Bekämpfung waren beispielsweise längere Zeit Gegenstand eingehender Laboratoriumsstudien auf Weißfluhjoch. Als neuestes Eisprobiem, an wirtschaftlicher Bedeutung dem Lawinenproblem ebenbürtig, fand vor kurzem sogar der Hagel Eingang ins Institutsprogramm. Seit Jahrhunderten bäumt sich der Mensch dagegen auf, schicksalhaft seine Kulturen verhageln zu lassen. Aber erst in jüngster Zeit zeichnen sich unter dem Namen der experimentellen Meteorologie gewisse ernstzunehmende Möglichkeiten ab, auch in diese Sphäre einzugreifen. Obgleich Weißfluhjoch alles andere als ein Hagelzentrum ist, hat man diese Station beauftragt, gewisse Untersuchungen durchzuführen. Dies ist ausschließlich in den dort verfügbaren Anlagen und Instrumenten begründet.

Nach der Umschreibung der Probleme und Aufgaben dürften einige Hinweise auf die zu ihrer Bearbeitung vorhandenen technischen Mittel interessieren.

Das von der Bergstation der Parsennbahn durch einen Verbindungsgang erreichbare dreigeschossige Institutsgebäude gliedert sich in einen südlichen, geheizten Teil mit Büroräumen, Werkstatt und Dunkelkammer und in die nordwärts in den Berg eingelassenen Kältelaboratorien (Abb. 2). Eine meteorologische Station, ausgerüstet u. a. mit Geräten zur Registrierung von Temperatur, Wind, Strahlung und Sonnenscheindauer, ist dem Gebäude einverleibt. Künstlich kühlbare Kältelaboratorien sind vier vorhanden,

Abb. 3. Blick vom Institut auf das Standardversuchsfeld. Im Hintergrund Dischmatal und Grialetschgebiet.

nämlich zwei größere Räume und zwei kleine Kabinen. Diese Unterteilung ermöglicht es, gleichzeitig vier Temperaturen zwischen dem Schmelzpunkt und ca. —40° C aufrechtzuerhalten und am gleichen Probenmaterial Paralleluntersuchungen bei verschiedenen Temperaturen durchzuführen. Auch für gewisse Operationen, wie z. B. für die Anfertigung mikroskopischer Dünnschnitte von Schneeproben, sind unterschiedlich temperierte Räume sehr zweckmäßig.

Auf einer flachen Geländepartie nicht weit unterhalb des Instituts (2540 m ü. M.) befindet sich das sogenannte Standardversuchsfeld (Abb. 3). Täglich wird es aufgesucht zur Ablesung der teils frei aufgestellten und teils in einer besonderen Hütte untergebrachten Instrumente (Schneepegel, Anemometer, Thermometer, Schneethermograph, Pluviograph, Schmelzwasserregistrierung, Setzungspegel etc.). Zweimal monatlich werden dort zudem Schneeprofile gegraben, die Aufschluß geben über die Schneeschichtung, den Wasserwert der Schneedecke und verschiedene mechanische Qualitäten. Mehr und mehr sind auch — unter möglichster Schonung der Interessen der Skifahrer — die umliegenden Hänge mit Anlagen zur Schneebeobachtung belegt worden. Neben verschiedenen Apparaten zur Messung des Kriechdrucks der Schneedecke (Abb. 4) ist kürzlich an einem typischen Lawinenhang eine Vorrichtung eingebaut worden, die Aufschluß über dynamische Kräfte von Lawinen geben soll.

Um die Schneedeckenentwicklung in ihrer Abhängigkeit von der Meereshöhe und Exposition verfolgen zu können, werden gleichzeitig mit dem Standardversuchsfeld weitere, einfacher ausgerüstete Felder auf Büschalp (1900 m) in Davos-Platz (1540 m), bei Laret (1520 m) und Klosters (1200 m) zur Profilaufnahme besucht.

Nach dem Katastrophenwinter 1950/51 hat nun auch der Verbauungsingenieur ein Experimentierfeld erhalten. An den Steilhängen des Davoser Dorfberges ist eine Versuchslawinenverbauung in Entstehung begriffen, in der verschiedenste Werktypen und Materialien zur friedlichen Konkurrenz antreten. Es gilt vor allem die zweckmäßigsten Verbauungsmaterialien und ihre wirtschaftlichste Verwendung herauszufinden. Neben Stein, Holz und Eisen werden auch Leichtmetall und vorgespannter Beton ausprobiert.

Abb. 4. Schneedruckapparat zur Messung des Krichdruckes der Schneedecke (infolge eines Lawinenniederganges freigelegt).

In diesem kurzen Überblick ist es nicht möglich, auf die verschiedenen Untersuchungsmethoden und die dazu verwendeten Geräte einzutreten, geschweige denn Ergebnisse zu unterbreiten. Diesbezüglich muß auf die Publikationen des Instituts verwiesen werden. Eine Reihe von Winterberichten gibt Auskunft über die laufenden Wetter- und Schneebeobachtungen wie auch über Lawinen und Lawinenunfälle.

In zwanglos erscheinenden Mitteilungen und Einzelpublikationen werden die speziellen Untersuchungen veröffentlicht. Ein Teil der Erfahrungen geht auch auf direktem Weg an die Interessenten, indem das Institut regelmäßig Kurse durchführt und zudem oft bei besonderen Lawinenschutzproblemen zur Beratung beigezogen wird.

Niederschlagsverhältnisse im Gebiet des Rauriser Sonnblicks

Von Hanns Tollner

Im Hochgebirge bedeutet die Feststellung wirklicher Niederschlagsmengen, d. h. das Herabfallen flüssiger oder ganz besonders fester Niederschlagsteilchen — in der Regel aus Wolken — im Gegensatz zur Messung der Lufttemperatur ein schwieriges meteorologisch-technisches Problem. In der Niederung liefern Niederschlagsmesser normaler Bauart (Ombrometer) durchaus gesicherte Werte, in größeren Höhen des Gebirges aber verfälscht der zunehmend stärkere Windeinfluß unkontrollierbar ihre Meßergebnisse. Um die störende Windeinwirkung bei gewöhnlichen Niederschlagsmessungen weitgehend auszuschalten und Niederschlagsverhältnisse in verschiedenen Seehöhen kennenzulernen, wurden im Gebiet des Rauriser Sonnblicks in den Jahren 1927/28 die ersten, durch einen Nipherring windgeschützten Niederschlagssammler (Totalisatoren) aufgestellt. Mit wenigen Ausnahmen stehen diese heute noch in Betrieb.

Im XLI. Jahresbericht des Sonnblick-Vereines 1932 wurde von F. Steinhauser [1] ein erster ausführlicher Bericht über fünf Jahre Ergebnisse der Niederschlagsmessungen im Sonnblickgebiet mittels der Totalisator-Meßmethode erstattet. In seiner 1938 erschienenen „Meteorologie des Sonnblicks“ [2] sind die Totalisatorenresultate bis einschließlich 1936 enthalten.

Bezüglich der Aufstellplätze der einzelnen Totalisatoren, ihrer Behandlung und ihrer Ablesungen sei auf die erstgenannten Ausführungen verwiesen. Die regelmäßigen Ablesungen der Totalisatoren am Ende eines jeden Monats stellten an die einzelnen Sonnblickbeobachter wegen gelegentlich rasch eintretender Wetterstürze, großer Kälte in den Wintermonaten, örtlicher Lawinengefahr usw. große körperliche Anforderungen, erforderten gereifte bergsteigerische Umsicht und bei nebeligem Wetter genaue Geländekenntnis des ganzen Sonnblickgebietes.

Die nunmehr fast 30jährige Meßreihe der Gebirgsniederschlagssammler der Sonnblickgruppe bietet das dichteste und am weitesten zurückreichende Totalisatorenmaterial eines ostalpinen Gebirgsstockes. Durch Kriegseinwirkungen gingen zwar die Originalablesungen mehrerer Jahre in Verlust, doch blieben seinerzeit vorgenommene Abschriften des Verfassers glücklicherweise erhalten, so daß jetzt praktisch lückenlos die Ergebnisse der Totalisatoren der Sonnblickgruppe vorgelegt werden können.

Die windgeschützten Niederschlagssammler bewiesen sehr bald, daß die für die Ostalpen gelegentlich angenommene Zone maximalen Niederschlages [3] auf Irrtümern beruhte und daß vielmehr die jährlichen Niederschlagsmengen — von der unmittelbaren extrem windbeeinflußten Kammzone abgesehen — von tiefen nach hohen Lagen allgemein bedeutend zunehmen. Die Meßergebnisse der Totalisatoren führten schließlich auch zu einer völligen Revision der auf Ombrometermessungen beruhenden Ansichten und Darstellungen der Niederschlagsverteilung im Hochgebirge. Die auf Grund methodisch nicht einwandfreier Messungen lange behauptete relative Niederschlagsarmut der Zentralalpen bestand, wie die Niederschlagssammler erkennen ließen, trotz kräftiger Schwankungen der Jahresmengen letztlich überhaupt nie zu Recht.

Die Tabelle 1 bringt die jährlichen, von den einzelnen Totalisatoren des Sonnblickgebietes dargebotenen Niederschlagssummen. Alle Jahre, in denen mindestens eine Korrektur oder Reduktion einer monatlichen Niederschlagsmenge vorgenommen werden mußte, stehen eingeklammert. Die Ursachen rechnerischer Berichtigungen einzelner

Monatsresultate gingen in der Hauptsache auf folgende Störungsquellen zurück: Eingriffe Unbefugter (Entleeren des Totalisatorgefäßes, Hinzugießen von Flüssigkeit, Beschädigung des Gefäßes), Undichtwerden des Gefäßes oder des früher verwendeten Ablaßhahnes bei großer Kälte oder durch Alterung, Gefrieren der Lösungsflüssigkeit, Entstehen von Eiskuchen an der Flüssigkeitsoberfläche, Bildung von Rauhreiffahnen über der Öffnung des Gefäßes und damit Verminderung der Niederschlagsablagerung

Tabelle 1. Jahresmengen des Niederschlages in Zentimetern nach Totalisatormessungen in den Jahren 1927 bis 1953 und ombrometrisch gemessene Niederschläge auf dem Sonnblickgipfel

I = Kolm-Saigurn, 1600 m.
II = Maschine, 2120 m, knapp unterhalb des verfallenen Radhauses am Beginn des Maschingrabens.
III = Untere Rojacherhütte, 2570 m, auf Moräne bzw. Felsrücken zwischen den Zungenlappen des Kleinen Sonnblickkeeses.
IV = Obere Rojacherhütte, 2580 m, auf Felsrücken wie der Totalisator III.
V = Sonnblickgipfel, 3080 m, am Beginn des felsigen Gipfelaufbaues, außerhalb des Großen Goldbergkeeses.
VI = Ombrometermessungen auf dem Sonnblickgipfel, 3106 m (1927—1946 Nordkübel, 1947—1952 Mittel aus Nord- und Südkübel).
VII = Oberes Fleißkees, 2810 m (mittlerer Bruch des Fleißkeeses), außerhalb des Gletschers in der Nähe der Nordwestbegrenzung.
VIII = Unteres Fleißkees, 2560 m, außerhalb des Gletschers nördlich der die Zunge begleitenden Moräne.
IX = Brett, 2860 m, unterhalb der oberen Brettscharte.

Totalisatoren bzw. Ombrometer	I	II	III	IV	V	VI	VII	VIII	IX
1927			195			134			184
1928		214	*235*			156			213
1929		138	152			112	152	*119*	152
1930		169	182		237	120	190	159	180
1931		227	224		237	158	208	182	202
1932		153	165		*203*	118	(143)	136	166
1933		202	(209)		(285)	173	200	(178)	(204)
1934	*202*	185	200	261	252	156	193	181	188
1935		146	168	230	217	*180*	180	162	154
1936		185	(191)	244	245	161	(174)	156	(170)
1937		162	215	269	260	161	200	163	183
1938	(170)	193	(200)	273	266	148	(205)	(195)	171
1939		(199)	(198)	(270)	(250)	121	(195)	(190)	(191)
1940		(193)	(200)	(*275*)	(255)	125	(200)	(195)	(195)
1941	136	185	(188)	226	242	96	182	180	167
1942	143	152	175	259	222	*77*	168	149	189
1943	184	(210)	187	230	229	80	159	134	162
1944	*101*	(211)	221	256	*302*	109	*268*	198	199
1945		(190)	(*151*)	*196*	226	120	155	150	178
1946		(191)		(230)	(226)	109	(155)	(150)	(177)
1947		(192)		240	(227)	84	(156)	(151)	(178)
1948		(*240*)		233	264	157	240	*245*	(*235*)
1949		(200)		212	257	115	217	202	210
1950	126	(*131*)		210	(243)	115	*126*	123	(*124*)
1951				245	254	145	142	147	
1952				238	(220)	170	201	179	
1927—1952	152	187	191	242	244	132	185	166	183

infolge Querschnittsverengung, Wiederherauswehen des bereits im Gefäß befindlichen Schnees bei zu langsamem Auflösungsvorgang in der Gefäßflüssigkeit, Verhinderung der Niederschlagssedimentation bei vollgeschneitem Totalisatorgefäß, schlechtes Chlorkalzium oder Mangel in der Zeit nach dem zweiten Weltkrieg überhaupt, Verdunstung der Gefäßflüssigkeit bei ungenügender Petroleum-Schutzschicht usw.

Die Extremwerte des jährlichen, durch Totalisatoren ermittelten Niederschlages beliefen sich bei der Maschine zwischen 131 und 240 cm, bei der Oberen Rojacherhütte zwischen 196 und 275 cm, auf dem oberen Fleißkees zwischen 126 und 268 cm und auf dem Sonnblickgipfel zwischen 203 und 302 cm. Das Ombrometer auf dem Sonnblickgipfel bot lediglich nur Jahresmengen zwischen 77 und 180 cm. Das ungeschützte Sonnblick-Ombrometer lieferte in den Jahren 1927—1953 gegenüber dem durch den Nipherring geschützten Niederschlagssammler im Durchschnitt eine Minderleistung von 44% und im Extremfall im Jahre 1942 sogar 65%.

Das Meßdefizit des Ombrometers gegenüber dem Totalisator auf dem Sonnblick geht auf den extrem starken Windeinfluß zurück, der den festen Niederschlag über das Ombrometer hinwegführt, ohne daß ein adäquater Teil wie bei einem weniger wind-

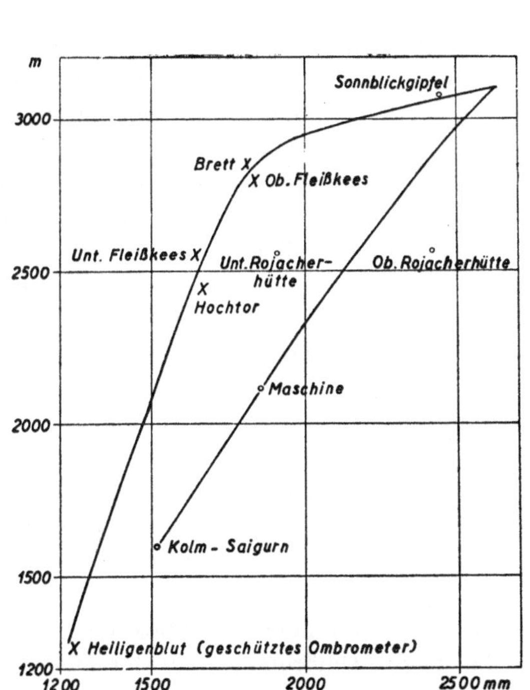

Abb. 1. Jahres-Niederschlagshöhenkurven, abgeleitet aus Totalisatormessungen 1927—1953.

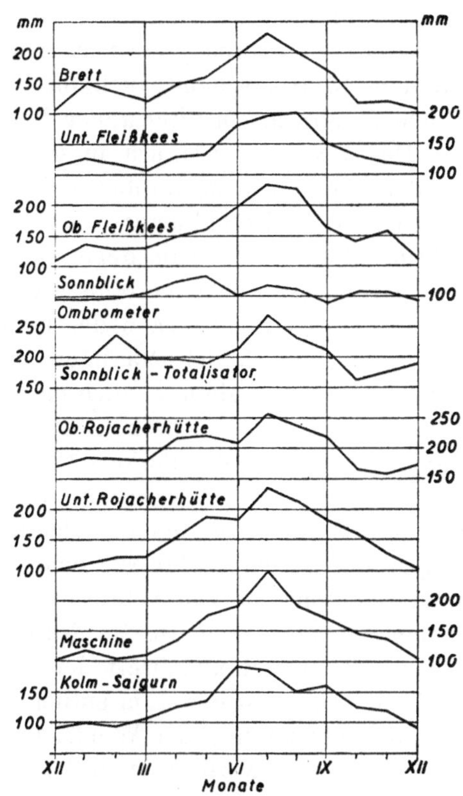

Abb. 2. Jahresgang der Niederschlagsmengen im Sonnblickgebiet, gewonnen aus Totalisatormessungen, 1927—1953.

exponierten Gerät durch die horizontale Fläche des Auffanggefäßes zur Ablagerung gelangt.

Die verhältnismäßig große Zahl der Totalisatoren des Sonnblickgebietes gestattet die Konstruktion von Niederschlags-Höhenkurven (Abb. 1), wie sie üblicherweise als Grundlage für eine Isohyetendarstellung in einem Gebirgsland gezeichnet werden müssen. Es stellte sich dabei heraus, daß die Jahresniederschläge mit wachsender Meereshöhe zwar beträchtlich anschwellen, daß aber die Zunahme an der Nordseite des Sonnblicks anders als an der Südabdachung gegen das Mölltal geartet ist. In tiefen und mittleren Lagen steigern sich auf der Salzburger Seite die Niederschläge kräftiger als auf der kärntnerischen, auf der erst in großen Höhen eine sehr starke Zunahme des Niederschlages eintritt. Die aus Totalisatormessungen gewonnenen Niederschlagshöhenkurven lassen es als gesichert erscheinen, daß im zentralen Sonnblickgebiet die Jahreshöhe des Niederschlages entgegen älteren kartographischen Darstellungen in 3000 m Seehöhe im großen Durchschnitt 250 cm Wasserwert überschreiten.

Der jahreszeitliche Verlauf der Niederschläge (vgl. Abb. 2) erscheint im Sonnblickgebiet — nach den Totalisatoren beurteilt — nicht völlig einheitlich. Das Ausmaß der Schwankungen im Ablauf eines Jahres nimmt im allgemeinen von tiefen nach hohen Lagen etwas ab. Das Maximum der monatlichen Niederschlagsmengen stellt sich meist im Juli (in Kolm-Saigurn im Juni) ein. Auf dem Fleißkees ist im August teils ein beinahe gleich großer Höchstwert wie im Juli, teils sogar noch ein größerer zu beobachten. Als eigenartig ist auf dem Sonnblickgipfel das Auftreten eines deutlichen Nebenmaximums im Februar zu bezeichnen, das die übrigen Totalisatorstationen wesentlich schwächer anzeigen oder überhaupt nur mehr andeuten. In Kolm-Saigurn, auf dem Fleißkees und auf dem Brett erscheint auch im Herbst ein Nebenmaximum als Anteil der östlichen Hohen Tauern am mediterrannen Klimaregime gerade noch angedeutet.

Das Hauptminimum in den Monatsmengen des Niederschlages bemerken wir auf dem Sonnblick im Oktober, bei der Oberen Rojacherhütte im November, im Maschingraben und in Kolm-Saigurn erst im Dezember. Ein Nebenminimum ist allgemein im Februar-März oder wie auf dem Sonnblickgipfel erst im Mai ausgebildet.

Die jahreszeitliche Verteilung der monatlichen Niederschläge aus Totalisatoren mag auf den ersten Blick wegen der lokalen Unterschiede etwas verworren erscheinen, sie entspricht aber mit dem Maximum im Juli durchaus wahrscheinlichen meteorologischen Verhältnissen, wie sie u. a. auch im Westalpenbereich festgestellt wurden. In dem jahreszeitlichen Gang der ombrometrisch gemessenen Sonnblickniederschläge trat das Hauptmaximum während der Periode 1891—1936 mit 10,6% der Jahresmenge bereits im April ein. Die Erklärung dieses von der allgemeinen Niederschlagsstruktur abweichenden Saisonverlaufes bereitete lange ziemliche Schwierigkeiten. Die unbefriedigenden Schwankungen der Niederschläge während eines Jahres wurden 1941 von F. Steinhauser [4] unter Zuhilfenahme von Totalisatorergebnissen und beider auf dem Sonnblickgipfel vorhandenen Ombrometer (Geräte Nord und Süd) dahin korrigiert, daß für den Zeitabschnitt 1891—1930 der Maximalwert der Monatsmengen nicht mehr auf die Frühlingsmonate, sondern bereits auf den Juni entfiel.

Die Schwankung der Windrichtung und Windstärke auf dem Sonnblick beeinflußt das Ombrometer Nord auf dem Gipfel derart — das zweite Ombrometer auf der Südseite steht erst seit 1946 —, daß selbst im langjährigen Mittel der durch den Sonnblick-Totalisator festgestellte größte Monatsniederschlag im Sommer ombrometrisch nicht mehr entsprechend zum Ausdruck kommt. Das Ombrometer Nord empfängt nicht nur in sehr trockenen Monaten wenig Niederschlag, sondern auch noch bei Vorherrschen von stärker niederschlagführenden Nordwestwinden, die dazu im Gegensatz dem Niederschlagsmesser Süd reichliche Mengen liefern.

Als gute Lösung der Wiedergabe von Ombrometerwerten des Sonnblickgipfels ist, wie es im Jahrbuch der Zentralanstalt für Meteorologie geschieht, die Mittelbildung zwischen beiden Geräten anzusehen. Wegen der Seilbahnarbeiten auf dem Sonnblickgipfel mußte jedoch 1953 das südlich gelegene Ombrometer vorübergehend wieder eingezogen werden.

Da es im Sonnblickgebiet erst seit 1927 geschützte Niederschlagssammler gibt, kann über säkulare Schwankungen des Niederschlages aus Totalisatorenablesungen noch nicht viel ausgesagt werden. Soweit aber Messungen bereits existieren, zeigen sie, daß seit 1927, von einzelnen Jahresextremen abgesehen, bis in die Gegenwart keine wesentlichen Änderungen festzustellen sind. Die Zunahme der Mächtigkeit der winterlichen Schneedecke in den letzten fünf Jahren prägt sich, wie im Aufsatz „Schneeverhältnisse im Gebiet des Rauriser Sonnblicks“ im gleichen Jahresbericht deutlich hervorgeht, in den Jahressummen der Sonnblick-Totalisatoren schwach und in den Jahresmengen des Ombrometers auf dem Sonnblick stärker aus.

Bezüglich des Wertes von Totalisatoren zur Erfassung des Niederschlages auf stark windausgesetzten Hochgebirgsflächen gehen die Meinungen in verschiedenen, an dieser Frage interessierten Kreisen ziemlich auseinander. Auf Grund schlechter Erfahrungen mit Totalisatoren durch verschiedene technische Mängel (siehe die früher angeführten Störungsquellen) und infolge des Widerspruches zu langjährigen Messungen des Abflusses in vielen Hochalpengerinnen meinen einzelne Techniker, daß die Totalisatoren gegenüber dem windungeschützten Ombrometer wohl einen Fortschritt bedeuten, aber methodisch doch noch nicht in der Lage wären, richtige Niederschlagswerte zu bieten.

Leistungsüberprüfungen mehrerer Totalisatoren durch Schneehöhen und Schneedichten in ihrer Umgebung ergaben im Glocknergebiet ohne Berücksichtigung der Verdunstung, daß die Niederschlagssammler in allen untersuchten Zeitabschnitten ausnahmslos weniger Niederschlag auswiesen, als auf dem benachbarten Gelände auflagerte [5, 6]. Die in der Schneedecke vorhandene größere Wassermenge als in den Kübeln der Totalisatoren darf aber nicht unbedingt als strikter Beweis für ein ungenügendes Funktionieren der Totalisatoren betrachtet werden, da an den Untersuchungsstellen nicht nur Niederschlag in engstem Sinne, sondern auch Schneewehen und Fegen am Aufbau der Schneedecke beteiligt gewesen sein konnten. Die überprüften Totalisatoren stehen zwar an windexponierten, aber nicht extrem windbeeinflußten Stellen, an denen möglicherweise zum Niederschlag zusätzlich noch Treibschnee sedimentierte. Ein Vergleich zwischen der Schneedecke und einem Totalisator auf dem ungewöhnlich windausgesetzten Sonnblickgipfel hätte wahrscheinlich für einen gewissen Zeitabschnitt eine Mehrleistung des Niederschlagssammlers ergeben.

Die mittleren Schneehöhen auf dem Großen Goldberggletscher und oberen Fleißkees (vgl. den früher erwähnten Aufsatz über die Schneeverhältnisse im Gebiet des Rauriser Sonnblicks) verlangen im Durchschnitt nicht unwesentlich größere Niederschläge, als die außerhalb des Gletscherbereiches stehenden Sonnblick-Totalisatoren darbieten. Auch die Abflüsse der Tauernachen deuten auf ansehnlichere Niederschlagsmengen hin, als die derzeit verwendeten Totalisatortypen monatsweise sammeln. Die Wasserführung der Tauernbäche bildet gleichfalls keinen exakten Beweis dafür, daß die Niederschläge unbedingt größer sein müssen, als die Totalisatoren angeben, da der Abfluß nicht nur den reinen Niederschlag enthält, sondern auch noch eine „Gletscherspende“, sofern die Eisansammlungen der Hochalpenzone im Stadium des Rückganges an Substanz verlieren. Unter der Gletscherspende wird allgemein jenes Wasser verstanden, das ein Gletscher jeweils von einem Jahr zum anderen (Jahresgletscherspende) oder im Laufe mehrerer Jahre infolge Rückganges der Gletscherzungen und Schrumpfen der Eiskörper in der Vertikalen zusätzlich abgibt. Zu dem Fragenkomplex Hochgebirgsniederschlag und Gletscherspende stehen im Glocknergebiet seitens des Verfassers eingehende Untersuchungen vor einem vorläufigen Abschluß. Der jährliche Substanzverlust einzelner Gletscher der Hohen Tauern erwies sich in den letzten Jahren nicht so groß, wie man vielfach annahm. Die Gletscherspende war im Jahre 1947 außerordentlich hoch und zweimal in den darauffolgenden Jahren null. Im Jahre 1948 wurde die Massensubstanz der Tauerngletscher nirgends angegriffen. Es wurden im Gegenteil die Niederschlagsmengen ab Herbst des Vorjahres bis zum Herbst 1948 überhaupt nicht vollständig ausgegeben, sondern als

Firnüberrest für die Gletscherspeisung zurückgelegt. Über eine noch sehr mächtige Firnrücklage legte sich dann die Schneedecke des darauffolgenden Glazialjahres 1948/49.

Das Nichtübereinstimmen des jeweiligen Wassergehaltes von Schneedecken und jährlicher Abflußmengen der Hochgebirgsbäche mit den gemessenen Niederschlägen ihres Einzugsgebietes stellt noch keinen gültigen Beweis für ein Versagen der Totalisatoren dar, da, wie bereits angedeutet, Schneedecken und Abflußverhältnisse auf komplexe Ursachen zurückgehen. Ebenso so unrichtig wäre es, diese wenigstens scheinbaren Widersprüche zwischen Niederschlag aus Totalisatoren einerseits und Abflußmengen der Achen und dem Wassergehalt der Schneelagen andererseits völlig unbeachtet zu lassen.

Die Leistungsfähigkeit der Totalisatoren des Sonnblickgebietes und damit die Realität der in Tabelle 1 zusammengestellten Jahresniederschläge dürfen im Hinblick auf die etwas angezweifelten Resultate der Niederschlagssammler in ihren angegebenen Ausmaßen nicht als vollständig gesichert angesprochen werden. Auf Grund der bisherigen Erfahrungen und Untersuchungen von Totalisatorergebnissen und vieler Messungen der Schneehöhen und Schneedichten in verschiedenen Teilen Österreichs sei erklärt, daß die durch einen Nipherring geschützten Niederschlagssammler in der gegenwärtigen Form in tieferen und mittleren Gebirgslagen — eine einwandfreie Bedienung vorausgesetzt — in der Regel einwandfrei funktionierten. Auf sehr hohen und sehr windausgesetzten Meßstellen, wie z. B. auf dem Sonnblickgipfel und auf der Moräne bei der Rojacherhütte, dürften die Totalisatoren ein geringes Meßdefizit aufweisen, das mit etwa 10% der Gesamtleistung begrenzt werden mag. Die übrigen Niederschlagssammler des Sonnblickgebietes zeitigen im großen und ganzen für die betreffenden unvergletscherten und ziemlich windausgesetzten Plätze reelle Niederschlagsergebnisse. Für die flacheren Firnmulden und breiten Gletscherzungen, die gegenüber den steilen Felsflächen im zentralen Sonnblickgebiet weitaus dominieren, sind offenbar etwas stärkere Niederschläge anzunehmen, als sie die Niederschlagskurven in Abbildung 1 ausweisen. Um große Fehlbeträge kann es sich dabei auch hier nicht handeln. Die seinerzeit auf Grund einiger Anhaltspunkte geäußerte Meinung, daß im Firnfeldniveau der Sonnblickgruppe in über 3000 m Meereshöhe Jahresniederschläge von 300 cm fallen [6], erscheint auch durch die Meßergebnisse der Totalisatoren nicht mehr ganz unwahrscheinlich.

Wenn es gilt, im Hochgebirge möglichst genaue Niederschläge zu erfassen, müßten die Zahl der Totalisatoren wesentlich ergänzt, eine Reihe von Schneepegeln aufgestellt und stichprobenweise Schneedichtemessungen in großen Höhen vorgenommen werden.

Literaturverzeichnis

[1] F. Steinhauser, Ergebnisse neuerer Beobachtungen über die Niederschlagsverhältnisse im Sonnblickgebiet. XLI. Jahresbericht des Sonnblick-Vereines für das Jahr 1932.

[2] F. Steinhauser, Die Meteorologie des Sonnblicks. I. Teil, Beiträge zur Hochgebirgsmeteorologie nach Ergebnissen 50jähriger Beobachtungen des Sonnblickobservatoriums, 3106 m. Wien, Verlag Springer, 1938.

[3] A. E. Forster, Die Niederschlagsmessungen auf dem Sonnblick und anderen Gipfelobservatorien. XXXVIII. Jahresbericht des Sonnblick-Vereines für das Jahr 1929.

[4] F. Steinhauser, Über die Struktur des Jahresganges des Niederschlages am Zentralalpenkamm. Wetter und Leben, Mai 1949.

[5] H. Böck, Zur Methode von Niederschlagsmessungen im Hochgebirge. Österr. Wasserkraftwirtschaft 1951, S. 103—107, und
H. Tollner, Wetter und Klima im Gebiet des Großglockners. Carinthia II, 14. Sonderheft, Klagenfurt 1952.

[6] H. Tollner, Zum Problem Eishaushalt und Niederschlag im Hochgebirge. Mitteilungen der Geograph. Gesellschaft in Wien, Bd. 90, 1948.

Neue Niederschlagszahlen aus den zentralen Ötztaler Alpen

Von H. Hoinkes, Innsbruck

Unsere Kenntnis von den Niederschlagsverhältnissen des höchsten Teiles der zentralen Ötztaler Alpen gründet sich auf die Beobachtungsergebnisse von sechs Totalisatoren, die vom Deutschen und Österreichischen Alpenverein in den Jahren 1926 bis 1937 nach und nach aufgestellt worden sind. Sie stehen alle im Einzugsgebiet der Rofenache, die einige der bedeutendsten Gletscher der Ostalpen, so Hintereis-, Hochjoch- und Vernagtferner, entwässert. Die Bedeutung dieser Gletscher ist nicht allein durch ihre Ausdehnung gegeben; hier war und ist seit der in der Geschichte der Gletscherforschung denkwürdigen Vermessung des Vernagtferners im Jahre 1889 durch S. Finsterwalder [6] einer der Schwerpunkte der Bemühungen, den Problemkomplex Gletscher verstehen zu lernen. Getragen vom D. u. Ö. Alpenverein, wurde das Verhalten der Gletscher des Rofentales seither durch häufige Vermessung von Quer- und Längsprofilen und durch in längeren Abständen wiederholte photogrammetrische Aufnahmen sorgfältig überwacht. Zur Ergänzung des geodätisch-topographischen Arbeitsprogrammes war von A. Wagner eine umfassende Kontrolle des Eishaushaltes im gesamten Einzugsgebiet der Rofenache geplant worden. Die zunächst so erfolgversprechend angelaufenen Totalisatorenbeobachtungen wurden aus kriegsbedingten Schwierigkeiten in den Jahren 1940/41 eingestellt, während die unerläßlichen definierten Abflußmessungen — der Einbau einer Sohlenschwelle in die Rofenache war 1939 bereits bewilligt worden, mußte dann aber zurückgestellt werden — aus den gleichen Ursachen nicht über das Versuchsstadium hinaus gediehen. Lediglich die zur Erleichterung der klimatologischen Deutung der festgestellten Tatsachen im Herbst 1934 eingerichtete Klimabasisstation in Vent (1900 m) konnte dank der großzügigen und traditionsbewußten Förderung durch den Alpenverein, später Österreichischen Alpenverein — ebenso wie das geodätische Arbeitsprogramm [15] — mit vergleichsweise geringfügigen Einschränkungen durch die Nöte der späteren Kriegs- und Nachkriegsjahre fortgeführt werden.

Eine erste Bearbeitung der zunächst in der Zeitschrift für Gletscherkunde veröffentlichten Jahressummen des Niederschlages der beiden ältesten Totalisatoren (System Mougin, Inhalt etwa 100 Liter, Niederschlagskapazität abzüglich Füllung mit $CaCl_2$-Lösung und Öl etwa 4000 mm, Nr. 6 in Abb. 1 am Fuß der Langtaufererspitze im Firngebiet des Hintereisferners in 2970 m Höhe und Nr. 7 auf einem ausgeaperten Fels im Firngebiet des Vernagtferners in 2980 m Höhe) hat J. Haeuser [8] mitgeteilt. Eine wesentlich umfassendere Verarbeitung der Beobachtungen des um vier kleinere Totalisatoren (Inhalt 25 Liter, Niederschlagskapazität abzüglich Füllung etwa 1000 mm, Nr. 1, 2, 3 und 10 in Abb. 1) erweiterten Netzes bis zum Sommer 1939 verdanken wir E. Ekhart [3, 4]; an seine Ergebnisse wird hier anzuknüpfen sein. Die auffallend niedrigen, mit der Niederschlagshöhenkurve nicht übereinstimmenden Jahreswerte der Totalisatoren Schwarzkögele I (2981 m, Nr. 8 in Abb. 1, errichtet im Sommer 1936 als Ersatz des im Winter 1934/35 durch eine Lawine zerstörten Totalisators Vernagtferner, Nr. 7 in Abb. 1) und Brandenburgerhaus (3300 m, seit Sommer 1936, Nr. 10 in Abb. 1) wurden von Ekhart — wohl mit Recht — nicht als repräsentativ angesehen. Da bei beiden Sammlern der Verdacht einer geländebedingten Windstörung gegeben war, wurde von E. Ekhart ihre Versetzung an repräsentativere Punkte erwogen. Die Möglichkeiten hiezu wurden anläßlich einer Kontrolle der Totalisatoren im Herbst 1939 studiert, an der

E. Ekhart, E. Fimml, der Beobachter an der Klimastation Vent und langjährige Betreuer der Totalisatoren, sowie der Verfasser teilnahmen.

Die Umstellung der Totalisatoren wurde sodann im Sommer 1940 vom Verfasser durchgeführt: der Sammler Schwarzkögele I wurde als Schwarzkögele II (Nr. 9 in Abb. 1) nordöstlich des Schwarzkögele und ein geringes höher als dieses in knapp 3100 m Höhe an den Rand des Vernagtferners gestellt. Durch das Einsinken der Gletscheroberfläche erhebt sich jetzt dieser Sammler leider auch schon störend über seine Umgebung. Der

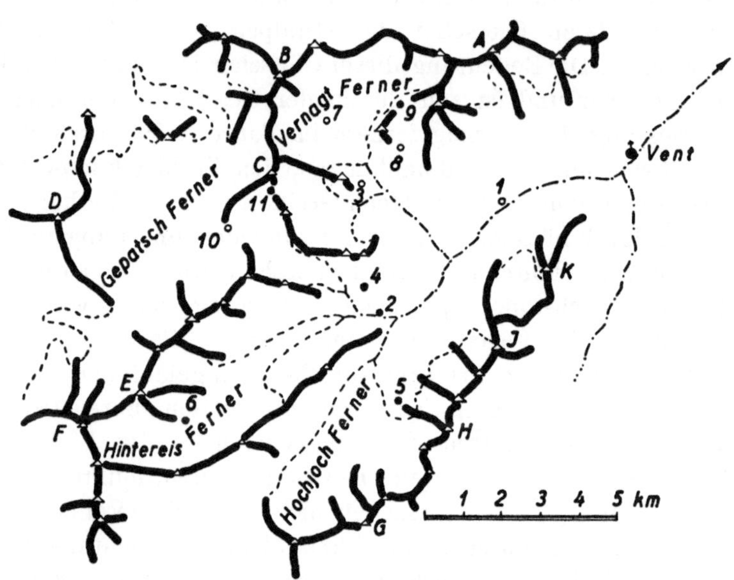

Abb. 1. Kammverlaufskizze des Einzugsgebietes der Rofenache in den zentralen Ötztaler Alpen.

Hauptgipfel	
A	Wildspitze, 3772 m
B	Hochvernagtspitze, 3530 m
C	Fluchtkogel, 3500 m
D	Weißseespitze, 3526 m
E	Langtaufererspitze, 3529 m
F	Weißkugel, 3739 m
G	Finailspitze, 3516 m
H	Saikogel, 3360 m
J	Kreuzspitze, 3457 m
K	Talleitspitze, 3408 m

Totalisatoren	
1	Rofen, 2100 m, He 1937—40
2	Hochjochhospiz, 2360 m, Fr 34—
3	Vernagthütte, 2770 m, So 36—So 40
4	Proviantdepot, 2780 m, So 40—
5	Saikogelgrat, 2880 m, He 50—
6	Hintereisferner, 2970 m, So 26—
7	Vernagtferner, 2980 m, So 28—Wi 34/35
8	Schwarzkögele I, 2980 m, So 36—So 40
9	Schwarzkögele II, 3100 m, So 40—
10	Brandenburgerhaus, 3300 m, So 36—So 40
11	Fluchtkogel, 3330 m, So 40—

Sammler vom Brandenburgerhaus wurde in das Guslarjoch, 3330 m (Nr. 11 in Abb. 1), unmittelbar am Fuß des Fluchtkogels aufgestellt; hier fällt das Gelände nur nach Osten steil in den Guslarferner ab, während sich nach Südwesten der fast ebene Kesselwandfirn erstreckt, dessen Einsinken sich aber ebenfalls bereits sehr störend auswirkt. Schließlich wurde der Sammler von der Vernagthütte (Nr. 3 in Abb. 1) nur auf der gleichen Höhenlinie verschoben und auf der Südseite der Guslarspitzen, beim sogenannten Proviantdepot am Rande des Kesselwandferners, aufgestellt (Nr. 4 in Abb. 1). Die Aufstellung der übrigen Sammler blieb unverändert. Die mit Spannung erwarteten Werte des ersten Jahres ergaben: Schwarzkögele II 7. VIII. 1940 bis 7. VIII. 1941 1000 mm und zum Vergleich Hintereisferner 5. VIII. 1940 bis 25. VII. 1941 1120 mm und damit die gleiche Größenordnung der vorher so stark abweichenden Werte. Der Sammler Fluchtkogel wurde leider am 7. VIII. 1941 randvoll vorgefunden; da kein Öl mehr vorhanden war, mußte eine nicht mehr kontrollierbare Menge übergelaufen sein. Seit dem 8. VIII. 1940 waren hier mindestens 1000 mm gesammelt worden und damit jedenfalls nicht mehr weniger als an den übrigen hochgelegenen Stellen. Weitere verwendbare Werte wurden nicht mehr gemeldet, so daß die Bearbeitung von E. Ekhart [4] in gewissem Sinne den Schlußstrich unter die erste Periode mit Totalisatorenbeobachtungen im zentralen Ötztal zog.

Die erste Kontrolle der Totalisatoren nach dem Krieg erfolgte im Herbst 1946 durch den Verfasser; es dauerte unter den mißlichen Umständen der ersten Nachkriegszeit noch zwei Jahre, bis die verschiedenen Schäden ausgebessert waren und Calziumchlorid und Paraffinöl beschafft werden konnte. Seit Herbst 1948 sind alle Totalisatoren wieder in Tätigkeit, bis auf den ehemaligen Sammler Rofen (Nr. 1 in Abb. 1), der nach einer gründ-

Tabelle 1. Mittlere Jahresmengen des Niederschlages (mm) in den zentralen Ötztaler Alpen 1926/27—1952/53, 1. Oktober bis 30. September

		1	2	3	4	5	6	7	8	9	10	11
	Vent, 1900 m	Rofen, 2100 m	Hochjoch-hospiz, 2360 m	Vernagt-hütte, 2770 m	Proviant-depot, 2780 m	Saikogel-grat, 2880 m	Hintereis-ferner, 2970 m	Vernagt-ferner, 2980 m	Schwarz-kögele I, 2981 m	Schwarz-kögele II, 3100 m	Branden-burger-haus, 3300 m	Flucht-kogel, 3330 m
13 Jahre 1926/27—1938/39	683	763	852	1017	—	—	1382	1249	840	—	1045	—
5 Jahre 1948/49—1952/53	647	—	860	—	955	1074	1194	—	—	1148	—	1178
27 Jahre 1926/27—1952/53	688	770	874	1024	1020	1141	1359	1260	845	1218	1052	1250
Vermutlich wahrer Wert ~	710	810	935	1126	1121	1268	1615	1473	1388	1422	1530	1526

lichen Reparatur erst im Herbst 1950 auf neuem Platz, am Ostrand des Hochjochferners, dort, wo der vom Saikogel herabziehende Grat ausläuft, in etwa 2880 m Höhe aufgestellt wurde (Nr. 5 in Abb. 1). Die Kontrolle der Sammler erfolgte im Durchschnitt dreimal im Jahr, meist durch Herrn E. Fimml, Vent, dem hier für seine langjährige treue Mitarbeit Dank und Anerkennung ausgesprochen sei. Den überwiegenden Teil der Kosten trägt seit der Wiederaufnahme der Beobachtungen dankenswerterweise die Studiengesellschaft Westtirol G. m. b. H. in Innsbruck, während mit der Beihilfe des Österreichischen Alpenvereins vor allem die Fortführung der Klimabasisstation Vent ermöglicht wird.

Die mittleren Jahressummen des Niederschlages über die nunmehr vorliegenden ersten fünf hydrologischen Jahre 1948/49 bis 1952/53 stehen in Zeile 2 der Tabelle 1. Die Reduktion der einzelnen Meßabschnitte auf das hydrologische Jahr 1. Oktober bis 30. September erfolgte mit den in Vent an einem ungeschützten Gebirgsregenmesser zweimal täglich abgelesenen Werten. Da vom Sammler Saikogel erst drei Jahreswerte vorlagen, wurde der Mittelwert auf den gleichen fünfjährigen Zeitraum reduziert. Das gleiche gilt für den Sammler Fluchtkogel, der zu wiederholten Malen böswillig beschädigt vorgefunden wurde, so am 22. August 1949 mit abgebrochenem Abflußhahn, am 22. Dezember 1951 mit teilweise aufgerissenem Boden und am 22. Juli 1953 ausgeronnen. Es wird nötig sein, diesen Sammler durch eine Versetzung an einen Platz abseits vielbegangener Wege den sicher sehr witzig sein sollenden Zugriffen der Touristen zu entziehen. Von den drei ableitbaren Jahreswerten umfaßt nur einer (1949/50) das ganze Jahr lückenlos, die beiden anderen mußten zum Teil ergänzt werden. Der höchste Punkt des Netzes ist somit leider immer noch der schwächste.

Zum Vergleich sind in Zeile 1 der Tabelle 1 die reduzierten 13-Jahres-Mittel 1926 bis 1939 nach E. Ekhart [5] angeführt. Noch besser als die Tabelle lassen die in Abbildung 2 a wiedergegebenen Quotienten der mittleren Jahreswerte der einzelnen Sammler zu Vent die gute Übereinstimmung zwischen beiden Reihen erkennen. Die als Ersatz für die viel zu geringe Werte liefernden Sammler Schwarzkögele I und Brandenburgerhaus gewählten Plätze Schwarzkögele II und Fluchtkogel haben sich, im Rahmen dessen, was Totalisatoren zu leisten vermögen, bewährt. Lediglich der

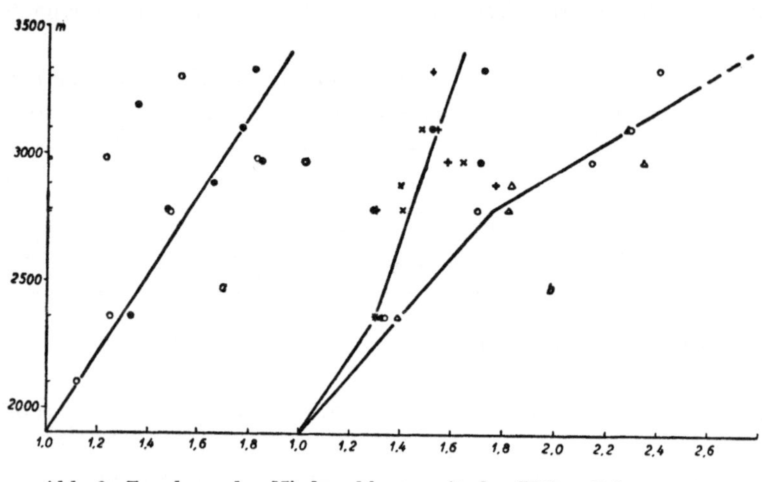

Abb. 2. Zunahme des Niederschlages mit der Höhe, Jahreswerte.

a ○ im Mittel 1926/27—1938/39
● im Mittel 1948/49—1952/53

b ○ 1948/49
● 1949/50
+ 1950/51
△ 1951/52
× 1952/53

Sammler Fluchtkogel, dessen Mittelwert unsicher ist, scheint immer noch ein Defizit aufzuweisen. Die Punkte entfernen sich aber nicht mehr auffällig von einer mittleren Geraden, die sich, eine mittlere Zunahme der Jahresmengen von 44 mm auf 100 m anzeigend, durch beide Meßreihen hindurchlegen läßt. Die Zunahme erscheint am größten längs der Haupttalfurchen Vent—Hochjochhospiz—Hintereisferner mit 51 mm auf 100 m und Vent—Schwarzkögele II mit 42 mm auf 100 m. Auf dem Talquerschnitt Fluchtkogel—Saikogel findet man in den Teilabschnitten Hochjochhospiz—Saikogel 41 mm auf 100 m und Hochjochhospiz—Proviantdepot—Fluchtkogel nur 33 mm auf 100 m. Zeile 3 der Tabelle 1 enthält schließlich noch die auf die 27 Jahre umfassende Reihe 1926/27 bis 1952/53 des Totalisators Hintereisferner reduzierten Jahreswerte sämtlicher Sammler. Von diesem Zeitabschnitt liegen vom Totalisator Hintereisferner 20 Jahre direkter Beobachtungen vor, während die sieben Jahre 1941/42 bis 1947/48 leider fehlen. Mit Hilfe der lückenlos vorhandenen, übrigens gleich alten Reihe von Hochserfaus konnte der 20 Jahre umfassende Mittelwert (1336 mm) auf 27 Jahre reduziert werden. Auch der nur 19 Jahre (1934/35 bis 1952/53) umfassende Mittelwert von Vent wurde mit Hochserfaus auf 27 Jahre reduziert.

Die damit gegebenen, im langjährigen Mittel zutreffenden Reduktionsfaktoren erlauben es nicht, von der in Vent in einem bestimmten hydrologischen Jahr gemessenen Niederschlagsmenge ausgehend, den Niederschlag in den einzelnen Höhen zu extrapolieren. Am Beispiel der letzten fünf Jahre läßt sich zeigen, daß nicht einmal die Aussage auf über- oder unterdurchschnittliche Niederschläge im ganzen, doch gewiß sehr kleinen Gebiet, vom gleichen Befund in Vent ausgehend, mit Sicherheit möglich ist. Tabelle 2 enthält die einzelnen Jahressummen aller Sammler für die letzten fünf Jahre; der Vergleich mit den langjährigen Mitteln in Tabelle 1 (Zeile 3: das Mittel über die 27 Jahre des längsten Sammlers kann wohl als langjähriges gelten; mit dem Mittelwert für Vent 706 mm für die Periode 1901 bis 1950 [10] könnte leicht der entsprechende Normalwert für jeden Sammler abgeleitet werden, doch gewinnen dadurch die Werte wegen der grundsätzlichen Schwierigkeiten der Niederschlagsmessung mit Totalisatoren nicht an Interesse) zeigt, daß in Vent in den hydrologischen Jahren 1949/50 und 1950/51 übernormale Niederschlagsmengen beobachtet wurden, in den Jahren 1948/49 und 1951/52 stark unternormale, während im Jahre 1952/53 die Normalmenge nur knapp unter-

Tabelle 2. Jahresmengen des Niederschlages (mm) in den hydrologischen Jahren 1948/49 bis 1952/53

	Vent, 1900 m	Hochjoch-hospiz, 2360 m	Proviant-depot, 2780 m	Saikogel-grat, 2880 m	Hintereis-ferner, 2970 m	Schwarz-kögele II, 3100 m	Flucht-kogel, 3330 m
1948/49	508	683	865	—	1085	1165	1220
1949/50	724	963	934	—	1238	1100	1245
1950/51	744	966	966	1318	1174	1145	1131
1951/52	584	811	1060	1068	1366	1330	—
1952/53	675	878	950	945	1107	999	—
Mittel	647	860	955	1074	1194	1148	1178

schritten wurde. Die gleichen Vorzeichen der Abweichungen findet man nur bis zum Sammler Hochjochhospiz; oberhalb einer Höhe von etwa 2700 m ist die Abweichung auch in den unten positiven Jahren negativ, bis auf das im Tal unternormale Jahr 1951/52, das in der Höhe als einziges übernormale Niederschläge lieferte. Betrachtet man Abbildung 2 b, dann erkennt man, daß offenbar zwei Typen der Zunahme des Niederschlages mit der Höhe vorkommen: eine langsame Zunahme, wie in den Jahren 1949/50, 1950/51 und 1952/53, und eine rasche Zunahme, wie 1948/49 und 1951/52. Die langsame Zunahme mit der Höhe vermag einen Niederschlagsüberschuß im Tal in ein Niederschlagsdefizit in der Höhe zu verwandeln; umgekehrt bedeutet rasche Zunahme des Niederschlages mit der Höhe nicht notwendig übernormale Niederschläge dort, wie das Jahr 1948/49 gezeigt hat. Geht man die 20 bisher vorliegenden Jahreswerte des Sammlers Hintereisferner durch, dann findet man 10mal das gleiche Vorzeichen der Abweichungen oben und an der Reduktionsstation Hochserfaus (1817 m), 8mal das entgegengesetzte und 2mal an einer Stelle den Normalwert, während die andere positive oder negative Abweichung zeigt.

Die Erklärung der eigenartigen Fälle mit starker Zunahme des Niederschlages mit der Höhe muß im Vorkommen von Wetterlagen gesucht werden, die durch längere Zeit den Höhenlagen starke, den Tälern aber nur schwache oder überhaupt keine Niederschläge bringen. Diese Verhältnisse dürften im innersten Ötztal am ehesten bei niederschlagsreichen Süd- bis Südwestwetterlagen gegeben sein. Man muß als Alpenhauptkamm die Verbindung der höchsten Gipfel auffassen, nur so ist er wetterwirksam, d. h. die oberen Stromlinien werden gezwungen, auch nach Passieren der Wasserscheide weiter anzusteigen, und nur die unteren sinken in die Täler ab. Im zentralen Teil der Ötztaler Alpen ist der Alpenhauptkamm besonders vielfach gestaffelt, vom Reschenpaß kommend, verläuft er zur Weißseespitze (D in Abb. 1), springt dann nach Süden zur Weißkugel (F) und verläuft nun, abweichend von der Wasserscheide, über den Weißkamm zur Wildspitze (A), um in neuerlichem Sprung nach Süden bei Finailspitze (G) und Similaun anzusetzen und dann dem Schnals- und Gurglerkamm zu folgen. So gehört der oberste Teil des Rofentales bei Föhnwetterlagen (gleichgültig, ob der Föhn in den Tälern der Nordalpen auftritt) zeitweise zur Alpensüdseite. Die tiefeingeschnittene Talfurche (Sammler Hochjochhospiz, Vent) erhält im Bereich des über Hoch- und Niederjoch absteigenden Luftstromes von diesen Niederschlägen nur wenig, ein erheblicher Teil dürfte in der

Tabelle 3. Niederschlagsverteilung auf das Winter- und Sommerhalbjahr im Mittel der hydrologischen Jahre 1948/49 bis 1952/53

	Vent, 1900 m	Hochjochhospiz, 2360 m	Proviantdepot, 2780 m	Saikogelgrat, 2880 m	Hintereisferner, 2970 m	Schwarzkögele II, 3100 m	Flucht-Kogel, 3330 m
Quotienten zu Vent							
Jahr	1,00	1,33	1,48	1,66	1,85	1,77	1,82
Winterhalbjahr	1,00	1,19	1,26	1,40	1,34	1,31	1,24
Sommerhalbjahr	1,00	1,42	1,62	1,84	2,19	2,08	2,21
Niederschlag gemessen							
Jahr	647	860	955	1074	1194	1148	1178
Winterhalbjahr	260	310	328	364	348	342	323
Sommerhalbjahr	387	550	627	710	846	806	855
es sollte sein							
Winterhalbjahr ~	279	370	423	480	570	540	575
Jahr ~	666	920	1050	1190	1416	1346	1430
Fehlbetrag in Prozenten der Jahresmenge ~	3	7	10	11	19	17	22

trockenen Leeatmosphäre verdunsten, bevor er den Talboden erreicht — auch der Vintschgau ist bei Südföhn wegen dieser, dort sekundären Föhnwirkung trocken. Die auffällige Periode starken Niederschlages in der Höhe wurde bei der Kontrolle vom 19. bis 22. Dezember 1951 festgestellt, der November 1951 war bekanntlich durch eine langdauernde und auf der Südseite des Alpenhauptkammes außerordentlich niederschlagsreiche Südwestwetterlage charakterisiert, als deren Folge das berüchtigte Hochwasser im Pogebiet auftrat. Der andere, bei der Kontrolle vom 19. bis 22. August 1949 festgestellte Fall mag nicht so zweifelsfrei der Südwestwetterlage im Juli 1949 zugeschrieben werden; auch das kalte Höhentief um Mitte August 1949 mag örtlich stark verschiedene Niederschlagsergiebigkeit aufgewiesen haben.

Das vorliegende Beobachtungsmaterial erlaubt ferner Angaben, die den wichtigen Unterschied in den Niederschlagsverhältnissen im Winterhalbjahr (Oktober bis März) und im Sommerhalbjahr (April bis September) betreffen. Tabelle 3 enthält in den ersten drei Zeilen die Quotienten zu Vent für das Jahr und getrennt für Sommer- und Winterhalbjahr im Mittel der hydrologischen Jahre 1948/49 bis 1952/53 für alle Sammler. Es zeigt sich als hervorstechendes Merkmal, daß die Quotienten durchwegs im Winterhalbjahr kleiner sind als im Sommerhalbjahr; der Niederschlag nimmt somit im Winterhalbjahr nur sehr langsam mit der Höhe zu, im Sommerhalbjahr viel rascher. Dieses Ergebnis steht im Widerspruch zu fast allen bisherigen Erfahrungen. Die stärkere Zunahme des Niederschlages mit der Höhe im Winterhalbjahr hat F. Steinhauser [17, 18] am Beispiel der im Sonnblickgebiet aufgestellten Totalisatoren eingehend diskutiert; im Handbuch von Hann-Knoch [9] findet sich auf S. 283 eine Tabelle, die die gleichen Verhältnisse für sämtliche europäischen Gebirge und damit wohl überhaupt für die gemäßigten Breiten als charakteristisch ausweist. Betrachtet man daraufhin die Ergebnisse von Totalisatorenbeobachtungen im Gebiet des Großglockners, die H. Tollner [20] leider nur in Form von Diagrammen wiedergegeben hat, dann fallen die sehr ausgeglichenen Verhältnisse auf; die Winterquotienten überschreiten kaum die Sommerquotienten. Das von E. Ekhart [4] verwendete Material von Ötztaler Totalisatorenbeobachtungen mit monatlichen Ablesungen in der Zeit Sommer 1937 bis Sommer 1939 läßt ebenfalls, wenn auch weit weniger ausgeprägt als im Mittel 1948/49 bis 1952/53, eine stärkere Zunahme der Niederschläge im Sommer und eine schwächere im Winter erkennen. In der umfassenden Bearbeitung der Niederschläge in den Alpen haben Knoch und Reichel [11] auch diesen abnormalen Fall mit folgenden Worten erwähnt: „Wo sich Umkehrungen dieser Regel zu ergeben scheinen, resultieren sie daraus, daß man Orte aus Gebieten ganz verschiedenen Jahrestypus vor sich hat, eine Tatsache, die mit der Übereinanderlagerung der nördlich und südlich der Alpen vorhandenen Gangtypen zusammenhängt". Steigt man aus dem Inntal nach Vent hinauf, dann stimmt die Regel von der stärkeren Zunahme der Winterniederschläge jedoch, wie aus [4] und [11] zu entnehmen ist. Es erhebt sich hier die grundsätzliche Frage, ob man die Meßergebnisse der Totalisatoren als Tatsachen hinnehmen und zur Erklärung der abweichenden Verhältnisse eine Überlagerung verschiedener Niederschlagstypen konstruieren soll, oder ob nicht ein Zweifel zumindest an einem Teil der Meßergebnisse den Tatsachen näherkommt.

Reduziert man die Totalisatorenbeobachtungen auf das Winter- und Sommerhalbjahr von Vent (Tab. 3), dann erhält man im Mittel 1948/49 bis 1952/53, ausgehend von einem mittleren Niederschlag im Winterhalbjahr in Vent von 260 mm, bei den einzelnen Totalisatoren Niederschlagsmengen von 310 bis 364 mm. Das ist wohl sicher zu wenig zum Aufbau der Winterschneedecke, die nach eigenen Beobachtungen noch im Frühsommer etwa beim Sammler Hintereisferner 100 bis 150 cm Firn beträgt. Man muß somit die seinerzeit bereits von E. Ekhart [3] aufgeworfene Frage, ob die Sammler in den Firngebieten von Hintereis- und Vernagtferner nicht ein Zuviel an Niederschlag (durch Treibschnee) erhielten, nicht nur verneinen, sondern den Verdacht äußern, daß sämtliche Sammler im Winter zu wenig Niederschlag messen. Es ist nicht erforderlich, an dieser Stelle das Problem der Niederschlagsmessung, besonders im Hochgebirge, zu erörtern. Die entsprechende Literatur ist in Handbüchern oder guten Zusammenfassungen [2] leicht zugänglich. Allgemein anerkannt dürfte die Meinung sein, daß gut aufgestellte Totalisatoren gute Ergebnisse liefern, solange es sich vorwiegend um flüssigen Niederschlag handelt, auch wenn er bei Wind fällt, daß aber im Winter zahlreiche, oft erörterte Störungsmöglichkeiten die Messungen bedrohen.

Es seien hier lediglich zwei Untersuchungen genannt, die den Wassergehalt der winterlichen Schneedecke zur Klärung der wichtigen Frage nach den Grenzen der Leistungsfähigkeit der Totalisatoren heranziehen, weil damit sich der Weg in Neuland zu öffnen scheint. R. Melin [13] diskutiert langjährige sorgfältige Vergleichsmessungen im schwedischen Hochgebirge. Danach liefern die Totalisatoren in tieferen, gut geschützten Lagen auch im Winter Ergebnisse, die mit dem Wassergehalt der Schneedecke übereinstimmen, haben aber in freien Gebirgslagen regelmäßig ein großes Defizit bei Schneeniederschlägen. Während sich im Sommer aus den Totalisatorenmessungen eine Zunahme des Niederschlages von 25 mm auf 100 m ergibt, kann man aus der Schneedecke am Ende des Winters eine Zunahme von 67 mm auf 100 m berechnen, findet also das übliche Verhalten bestätigt, die winterliche Zunahme durch eingewehten Schnee vielleicht etwas zu groß. Der Jahresniederschlag wird dort aus dem Wassergehalt der Winterschneedecke und aus dem gemessenen Sommerniederschlag abgeleitet und so Übereinstimmung mit dem gemessenen Abfluß erzielt. Die Totalisatoren werden als ungeeignet bezeichnet, den Winterniederschlag zu erfassen, was unter den extremen Bedingungen des Winters im schwedischen Hochgebirge mit seinen starken Rauhfrostniederschlägen berechtigt sein kann. Über ähnliche Messungen in den Alpen, die von den Tauernkraftwerken A. G., Zell am See, durchgeführt wurden, haben H. Boeck [1] und H. Tollner [20] berichtet. Die bemerkenswerterweise zum Teil auf den Firnfeldern aufgestellten Totalisatoren (Abbildungen in [20]) hatten im Vergleich mit der gleichzeitig abgesetzten Schneedecke durchwegs Mindereinnahmen zu verzeichnen, die zwischen 2% und 57% schwankten.*

Man muß sich darüber klar sein, daß mit dem Vergleich zwischen Schneedecke und Totalisatorinhalt viel, aber nicht alles über die Eignung der Totalisatoren ausgesagt werden kann. Über die Rolle der Windverfrachtung des Schnees in den Alpen sind wir noch viel zu wenig unterrichtet. Der Winterbergsteiger stößt überall auf ihre Spuren, gute und eindringliche Beispiele zeigt das schöne Werk von G. Seligman [16], und auch von F. Loewe [12] wird die Wichtigkeit dieser Vorgänge betont, die in den Polargebieten ohne Zweifel eine überragende Rolle spielen, deren Beachtung aber auch in den Alpen unerläßlich wird. Läßt sich mit dieser Methode die wahre Minder- oder Mehrleistung eines Totalisators nicht in Zahlen ausdrücken, denn die tatsächlich abgesetzte Niederschlagsmenge ist ja etwas ganz anderes als der aus der Atmosphäre „angebotene" Niederschlag, worauf H. Friedel [7] mit Nachdruck aufmerksam gemacht hat, so läßt gerade die erstaunlich „geländefeste" Ausaperung [7] den Vorschlag von H. Tollner [20], für jeden Totalisator durch Vergleich mit der Schneedecke eine Art Eichkonstante zu ermitteln, die dem festgestellten Abfluß nicht widerspricht, fruchtbar erscheinen. Nach Möglichkeit sollen derartige Vergleichsmessungen auch im Ötztal vorgenommen werden.

Man kann annehmen, daß die für das Sommerhalbjahr festgestellten Quotienten der wahren Zunahme des Niederschlages mit der Höhe entsprechen mögen, was wohl nur für die Sammler Schwarzkögele II und Fluchtkogel zweifelhaft erscheint, da in Höhen über 3000 m auch ein erheblicher Teil des Sommerniederschlages in fester Form fällt. Läßt man ferner gelten, daß die jahreszeitliche Verteilung der Niederschläge mit der Höhe angenähert gleich bleibt [4], daß im Winterhalbjahr etwa 40%, im Sommerhalbjahr 60% der Jahressumme fallen, dann lassen sich auf dieser Basis „wahrscheinlichere" Werte des Winterniederschlages abschätzen. Wie Zeile 7 in Tabelle 3 zeigt, würde nun der Winterniederschlag zwischen 370 und 575 mm schwanken; die letztere Zahl würde etwa einer frühsommerlichen Firnhöhe von 1 m entsprechen, wenn man die von H. Tollner [19] mitgeteilten Schneedichtewerte benützt. Mit dieser Feststellung sei keine weitere Aussage verbunden; die erwähnten Schneehöhenbestimmungen erfolgten gelegentlich, über die Winterschneedecke in den höheren Lagen der zentralen Ötztaler Alpen lassen sich zunächst keine verläßlichen mittleren Angaben machen. Die wahrscheinlicheren Jahreswerte des Niederschlages stehen in Zeile 8 der Tabelle 3, der vermutlich einen unteren

* Es sei darauf hingewiesen, daß Prozentzahlen mit Gewicht gemittelt werden müssen; zwischen der Tabelle in [20], S. 93, und der Abbildung 21 bleiben Widersprüche bestehen, die mit dem Zahlenmaterial von [20] nicht geklärt werden können.

Grenzwert darstellende Fehlbetrag in Zeile 9; er nimmt mit der Höhe von 7% auf 22% der Jahressumme zu. Die Zunahme erfolgt nicht stetig; in den relativ windgeschützten, tief eingeschnittenen Talfurchen ist der Fehlbetrag mit etwa 10% viel geringer als in den freieren, weiteren Hochtalformen der Firngebiete mit etwa 20%. Auch in Vent muß man im Winter mit einem geringen Fehlbetrag von vielleicht 3 bis 5% der Jahresmenge rechnen. Sollte auch im zentralen Ötztal der Winterniederschlag mit der Höhe relativ stärker zunehmen, dann müßten die Fehlbeträge größer sein; eine Annahme darüber läßt sich ohne Untersuchungen der Schneedecke kaum machen.

Die gesonderte Untersuchung von Winter- und Sommerniederschlägen macht es wahrscheinlich, daß die in Zeile 3 der Tabelle 1 angegebenen langjährigen Mittelwerte der Niederschlagshöhe Mindestwerte sind, was vermutlich auch von den in Zeile 4 stehenden verbesserten Werten gilt. Die Schätzung von E. Reichel [14], der mit Niederschlagshöhen von 1600 bis 2000 mm in der Gipfelregion der zentralen Ötztaler Alpen rechnet, gewinnt an Wahrscheinlichkeit; der von E. Ekhart [5] für den Gipfel der Wildspitze, 3772 m (Punkt A in Abb. 1) geschätzte Jahreswert von 1110 mm erscheint jedenfalls viel zu niedrig.

Literaturverzeichnis

[1] H. Boeck, Zur Methode von Niederschlagsmessungen im Hochgebirge. Österr. Wasserwirtschaft *3*, 103 (1951).

[2] C. F. Brooks, Need for Universal Standards for Measuring Precipitation, Snowfall and Snowcover. Ass. Int. d'Hydrologie Scientifique, Bull. N. 23, Sixième Assemblée Générale à Edimbourg, 14 au 26 Sept. 1936, Comptes-Rendus et Mémoires, Riga 1938.

[3] E. Ekhart, Die klimatischen Verhältnisse des Venter Tales in Das Venter Tal, herausgeg. vom DAV, München 1939.

[4] E. Ekhart, Beitrag zur Kenntnis der Niederschlagsverhältnisse der Hochalpen. Zeitschr. f. angew. Meteorol. *56*, 311 (1939).

[5] E. Ekhart, Die Niederschlagsverteilung in den Alpen nach dem Anomalienprinzip. Geogr. Ann. *XXIX*, 728 (1948).

[6] S. Finsterwalder, Der Vernagtferner. Wiss. Erg.-Hefte zur Zeitschr. des D. u. Ö. Alpenvereins I, Heft 1, Graz 1897.

[7] H. Friedel, Gesetze der Niederschlagsverteilung im Hochgebirge. Wetter und Leben *4*, 73 (1952).

[8] J. Haeuser, Niederschlagsmessungen am Hintereis- und Vernagtferner. Meteorol. Z. *49*, 314 (1932).

[9] J. v. Hann u. K. Knoch, Handbuch der Klimatologie, Bd. I, 4. Aufl., Stuttgart 1932.

[10] Hydrographischer Dienst in Österreich, Beiträge zur Hydrographie Österreichs, H. 26, Die Niederschlagsverhältnisse in Österreich im Zeitraum 1901—1950, Teil I, Wien 1952.

[11] K. Knoch u. E. Reichel, Verteilung und jährlicher Gang der Niederschläge in den Alpen. Veröff. Preuß. Meteorol. Inst., Abh. IX, Nr. 6, Berlin 1930.

[12] F. Loewe, The Amount of Rime and Snowdrift as Factors in the Mass Balance of Glaciers. Ass. Int. d'Hydrologie Scientifique, Bull. n. 23, Sixième Assemblée Générale à Edimbourg, 14 au 26 Sept. 1936, Comptes-Rendus et Mémoires, Riga 1938.

[13] R. Melin, Nederbörd och Vattenhushållning inom Malmagens Fjällområde (mit engl. Summary). Geograf. Ann. *XXIV*, 185 (1942).

[14] E. Reichel, Bemerkungen über die Niederschlagsverteilung in den östlichen Zentralalpen. Meteorol. Z. *51*, 144 (1934).

[15] H. Schatz, Nachmessungen im Gebiet des Hintereis- und Vernagtferners in den Jahren 1939 bis 1950. Zeitschr. f. Gletscherkunde u. Glazialgeologie *2*, 135 (1952).

[16] G. Seligman, Snow Structure and Ski Fields. MacMillan Co., London 1936.

[17] F. Steinhauser, Ergebnisse neuerer Beobachtungen über die Niederschlagsverhältnisse im Sonnblickgebiet. XLI. Jahresbericht des Sonnblick-Vereines 18 (1933).

[18] F. Steinhauser, Neue Ergebnisse von Niederschlagsbeobachtungen in den Hohen Tauern (Sonnblickgebiet). Meteorol. Z. *51*, 36 (1934).

[19] H. Tollner, Über Schwankungen von Mächtigkeit und Dichte ostalpiner Firnfelder. Archiv f. Meteorol., Geophys. u. Bioklim., Ser. B, *III*, 189 (1951).

[20] H. Tollner, Wetter und Klima im Gebiete des Großglockners. Carinthia II, 14. Sonderheft, Klagenfurt 1952.

Schneeverhältnisse im Gebiet des Rauriser Sonnblicks

Von Hanns Tollner, Salzburg

Vom Jahre 1927 an wurde bis zur Gegenwart in verschiedenen Seehöhen des Großen Goldberggletschers (Vogelmeier-Ochsenkar-Kees), des Kleinen Fleißkeeses des Rauriser Sonnblicks, im Vorland des Großen Goldberggletschers und in Kolm-Saigurn am Fuße des Sonnblicks an Meßpegeln die jeweilige Schneehöhe regelmäßig am Ende der einzelnen Monate des Jahres seitens der Beobachter des Sonnblick-Observatoriums festgestellt. Als Schneepegel dienten früher teils Holzlatten mit farbigen Meter- und Dezimeterstrichen und teils Mannesmannrohre mit rotweiß lackierten, dezimeterbreiten Streifen. In letzter Zeit stellte man beinahe ausschließlich nur einfache, etwa 3 m lange Holzstangen mit Dezimetermarken auf, die mit wachsender oder abnehmender Schneehöhe oben verlängert bzw. wieder verkürzt wurden. Gegen die Gewalt der Stürme gewährte besonders in letzter Zeit eine Drahtverspannung nach drei Seiten in der Regel genügenden Schutz.

Im Gletscherbereich oberhalb der klimatischen Firngrenze, also in jener Höhenzone, in der der Jahresniederschlag nicht mehr zur Gänze abschmilzt, wurde der tiefste Jahreswert der Schnee- bzw. Firnlage als Schneepegel-Null-Lage für das beginnende neue Glazialjahr festgelegt. Das Ende der Abschmelzperiode erfolgte in höheren Lagen der Sonnblickgletscher zwischen Mitte September und Mitte November. Im Durchschnitt begann demnach die Schneeanhäufungszeit Anfang bis Mitte Oktober.

Das Beobachtungsmaterial zwischen 1927 und 1954 blieb leider nicht vollständig erhalten. Die Meßergebnisse der Zeit 1935 bis 1939 gingen durch Kriegseinwirkungen bei Zwangsverlagerungen und einem Brande bedauerlicherweise verloren.

Die beinahe 30jährigen Schneepegelablesungen im Sonnblickgebiet gewähren trotz der scheinbaren Einfachheit der Meßmethode ungewöhnlich interessante meteorologisch-glaziologische Erkenntnisse, wie sie in ähnlicher Art nirgends mehr im ganzen Ostalpenraum gewonnen werden konnten. Für die Praxis bieten die monatlichen Schneehöhenbestimmungen deutliche Hinweise auf die Menge winterlicher Niederschläge in der vergletscherten Hochalpenregion und wertvolle Anhaltspunkte für eine Vorhersage des sommerlichen Wasseranfalles hochalpiner Speicheranlagen von Wasserkraftwerken zur Gewinnung elektrischer Energie. Für die Gletscherkunde stellt die monatsweise Ermittlung von Schneedicken von tiefen nach hohen Gletscherregionen im Verein mit Messungen der Firndichte wichtige Grundlagenforschung dar.

Die Betreuung der Schneepegel begegnete auf den Sonnblickgletschern zeitweise nicht unerheblichen Schwierigkeiten. Als Folge des starken Gletscherrückganges und Schrumpfens der Gletscheroberflächen erwies sich das Aufstellen der Schneepegel jeweils am Ende der Ablationszeit in den letzten Jahren gefährlicher als früher. Auch die Feststellung vorwinterlicher Schneehöhen erforderte in schneearmen Perioden wegen vermehrter Spaltengefahr in steigendem Maße persönliche Vorsicht.

Tabelle 1 bringt durchschnittliche Schneehöhen der Zeit 1927—1954 (ausgenommen die in Verlust geratenen Jahre 1935—1939) für das Ende aller Monate des Jahres und Abbildung 1 zeigt graphisch dargestellt den mittleren jahreszeitlichen Verlauf der Schneemächtigkeit in verschiedenen Seehöhen.

Die Tabelle 1 und die Abbildung 1 lassen im wesentlichen Resultate erkennen, wie sie schon die Verarbeitung der Schneepegelreihe 1928—1933 durch F. Steinhauser [1] ergeben hatte. Von einer Besprechung der Aufstellungsplätze der Pegel wird hier abgesehen und auf die diesbezüglichen Angaben in dem vorerwähnten ausführlichen Bericht verwiesen.

Die stark unterschiedlichen Schneeverhältnisse in einzelnen Höhenstufen des Großen Goldberggletschers und des Kleinen Fleißkeeses zwischen 1928 und 1933 resultierten, wie jetzt klar hervorgeht, nicht aus ungewöhnlichen Witterungsabläufen während dieses verhältnismäßig kurzen Zeitabschnittes, sie bedeuten vielmehr schon typische höhen- und morphologisch bedingte Erscheinungen des vergletscherten Hochgebirges.

Tabelle 1. Mittlere Schneehöhen im Zeitabschnitt 1927—1953 (ohne die Jahre 1935—1939) in Zentimetern Ende eines jeden Monats

	Jän.	Feb.	März	April	Mai	Juni	Juli	Aug.	Sept.	Okt.	Nov.	Dez.
Kolm-Saigurn, 1600 m	100	127	*132*	83	13	—	—	—	2	8	30	63
Pfefferkar*, 2190 m	90	118	127	136	*164*	91	12	—	—	11	65	81
Unteres Goldbergkees, 2480 m	258	305	366	*378*	342	227	83	21	13	44	132	195
Oberes Goldbergkees, 2710 m	301	352	420	*452*	446	333	185	50	29	55	148	234
Fleißscharte, 2980 m	295	350	394	456	*482*	389	252	114	79	61	174	237
Oberes Fleißkees, 2875 m	367	435	490	*536*	526	507	318	173	112	86	194	298

* 1928—1934 (7 Jahre).

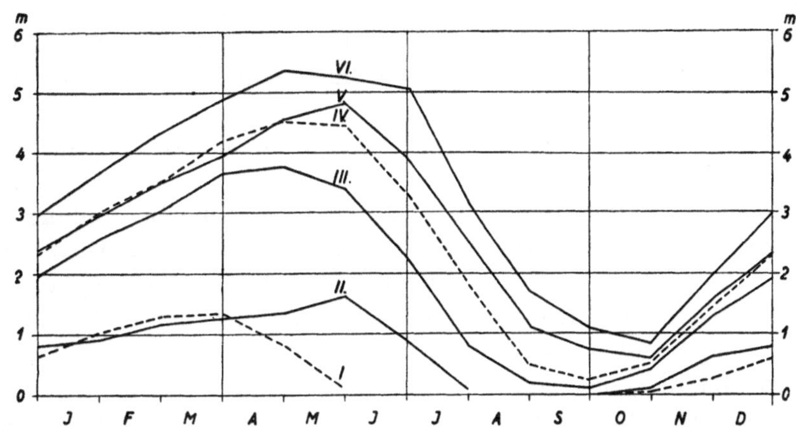

Abb. 1. Mittlere Schneehöhen im Sonnblickgebiet am Ende eines jeden Monats (1927—1953). I Kolm-Saigurn, 1600 m; II Pfefferkar, 2190 m (1928—1934); III Unteres Goldbergkees, 2480 m; IV Oberes Goldbergkees, 2710 m; V Fleißscharte, 2980 m; VI Oberes Fleißkees, 2875 m.

Wir bemerken die bedeutende Zunahme der Schneemächtigkeit mit wachsender Meereshöhe und die Verschiebung der Zeit der maximalen Schneelagen gegen den Vorsommer hin ebenfalls entsprechend der Höhenlage des Meßortes als normales gletschereigentümliches Phänomen. Während die mittleren Schneehöhen in Kolm-Saigurn (1600 m) im März ihren Höchstwert erreichen, verschiebt er sich in der Fleißscharte (2980 m) bis Ende Mai/Anfang Juni.

Die Kurven der durchschnittlichen Schneehöhen deuten auch an, daß das Wachstum der Schneedecken etwas langsamer als die Abnahme in den Sommermonaten erfolgt. Als eigenartig ist der Umstand anzusehen, daß mit Septemberbeginn die Abnahme der Firnschneemächtigkeit etwas unvermittelt gebremst wird. In der graphischen Darstellung von F. Steinhauser für die Jahre 1928—1933 ist diese jähe Änderung in den Abschmelzbeträgen ebenfalls deutlich zu sehen.

Als größte mittlere Schneehöhen wurden auf dem oberen Goldbergkees (2710 m) 4,5 m, in der Fleißscharte 4,8 m und auf dem Kleinen Fleißkees (2875 m) 5,4 m festgestellt. Die größten Schneehöhen traten nicht gerade zum Monatsende auf, sondern meist zwischen den Monatsanfängen. Die tatsächlichen größten mittleren Schneeanhäufungen müssen wegen der regelmäßig zum Monatswechsel vorgenommenen Pegelablesungen noch um einige Dezimeter höher eingeschätzt werden. Mehr als 10 m dicke Schneelagen gab es in extrem schneereichen Zeitläuften in der Fleißscharte, auf dem oberen Fleißkees und auf dem oberen Goldberggletscher.

In der Fleißscharte, dem höchsten Meßpunkt der Schneepegelstellen, erreichte die Schneedecke nicht jene Durchschnittsdicke wie auf dem 105 m tieferen Fleißkees. Der breite Firnsattel der Fleißscharte erscheint von beiden abfallenden Seiten her stärker windbeeinflußt als das weniger windausgesetzte obere Fleißkees. Eine stärkere Windeinwirkung in der Kammzone des Hochgebirges äußert sich bekanntlich in einer Abnahme des schneeigen Niederschlages und in kräftiger Verblasung bereits abgelagerter Schneemassen.

In extrem schneearmen Jahren blieben die größten Schneehöhen auf dem unteren und oberen Goldberggletscher und in der Fleißscharte knapp unter 3 m und auf dem oberen Fleißkees unter 4 m (Ende April 1942 nur 3,1 m).

Die Tabelle 1 und die Abbildung 1 zeigen auch anschaulich die Höhenabhängigkeit schneefreier Monate. In Kolm lag während der Periode 1927 bis 1953 Ende der Monate Juni, Juli und August niemals Schnee. Es darf jedoch nicht angenommen werden, daß auch die Tage zwischen den Monatsanfängen der Sommersaison völlig schneefrei verliefen. In über 2200 m Seehöhe ist die Wahrscheinlichkeit schneefreier Monatsenden nur mehr recht gering.

Auf Sonnblick- und Glocknergletschern wurden in letzter Zeit aus mehrjährigen Messungen zu verschiedenen Terminen Durchschnittswerte der Dichte der Schneedecken in einzelnen Jahreszeiten gewonnen [2], die eine reelle Beurteilung des Wasserwertes der mittleren Schneeverhältnisse des Sonnblickgebietes im Ablauf eines Jahres gestatten. Die Schneeablagerungen seit Beginn der herbstlichen Speicherzeit zeigen Ende Mai in Höhenlagen zwischen 2500 und 3000 m Meereshöhe bereits eine Dichte von 0,5. Für die auf den Sonnblickgletschern mittleren größten Schneehöhen von $4^1/_2$ bis $5^1/_3$ m Dicke bedeutet dies, daß ohne Berücksichtigung der Verdunstung in 8 Monaten (Oktober bis Ende Mai) mindestens 225 bis 265 cm fester Niederschlag sedimentiert haben mußte. Die seinerzeit auf Grund einiger Tatsachen ausgesprochene Forderung, daß in der Nivalzone der Hohen Tauern in 3000 m Seehöhe jährlich durchschnittlich 300 cm Niederschlag fällt [3], erscheint durch die langjährigen Schneepegelablesungen und durch die Schneedichtemessungen im Sonnblick-Glockner-Gebiet gestützt.

Die auf dem Sonnblick aufgestellten Totalisatoren erbrachten (vgl. den in diesem Jahresbericht stehenden Aufsatz: Niederschlagsmessungen im Sonnblickgebiet) geringere Niederschlagsmengen, als die tatsächlichen Schneehöhen und die jeweiligen Schneedichten verlangen. Diese Unterschiede rühren daher, daß die Totalisatoren auf einem Hochgebirgsgipfel und z. T. auf Moränenrücken stehen, über die eine Verstärkung der Luftströmungen und damit ein geringerer Herabfall fester Niederschläge stattfinden. Die mittels der Sonnblick-Totalisatoren beobachteten Niederschlagsmengen stammen meist von stärker windexponierten Teilen des Hochgebirges und sind daher für die weniger windausgesetzten Flächen der Firnfelder und der Eisströme nicht ganz repräsentativ. Bei einer wasserwirtschaftlichen Überlegung des Niederschlages in der Hochregion des Sonnblicks darf nicht übersehen werden, daß die extremen Steilflächen der Grate und Gipfel, auf denen z. T. die Niederschläge gemessen werden, wesentlich geringere Ausdehnung besitzen als die weiten Mulden der Firnräume und die breiten Talungen der Gletscherzungen.

Auf den Firn- und Eisflächen der Gletscher werden nicht nur die atmosphärischen „Niederschläge" in engstem Sinne aufgelagert, sondern auch noch Schneemengen, die ursprünglich über den Kämmen und Graten fielen und von dort erst später durch Wehen und Fegen verfrachtet wurden. Die in der Schneedecke vereinigt liegenden „reinen" Niederschläge und die Treibschneemassen zu unterscheiden und quantitativ zu trennen ist im Hochgebirge praktisch unmöglich. Es gibt aber einige Anhaltspunkte dafür, daß der Schneetransport von Felszonen auf die Gletscherflächen im Sonnblickgebiet nicht jene ausschlaggebende Bedeutung besitzt, wie ihm vielfach zuerkannt wird.

Im Jahre 1948 gelang es infolge ungewöhnlich günstiger Verhältnisse mittels Lawinensonden ein Schneehöhenprofil in der Längsachse des Großen Goldberggletschers und zwei Profile quer über diesen Gletscher in annähernd gleicher Seehöhe zu ziehen. Es zeigte sich, daß die Schneehöhen in den zentralen Teilen des Gletschers nicht wesentlich mächtiger waren als einige Dekaden von Metern vor den Steilaufschwüngen der Felsgrate. Erst unmittelbar an den Gletscherrändern sanken die Schneehöhen rasch ab. Die Messungen in der Längsachse des Gletschers ergaben, daß die Schneehöhen ziemlich gleichmäßig von tiefen nach hohen Lagen anwuchsen. Die damals erkannte mengenmäßige Verteilung einer Jahresschneelage auf einem Gletscher unterscheidet sich wesentlich von Schneedecken tieferer Hangflächen, auf denen (siehe Schneeverhältnisse auf der Glocknerstraße [4]) durch die unruhigen Bodenverhältnisse geradezu verwirrend große Unterschiede in der Mächtigkeit auf kleinem Raume zu beobachten sind.

Könnte man auf einem Modellgletscher mittlerer Größe, wie sie der Große Goldberggletscher und das Kleinen Fleißkees darstellen, von unten nach oben und in einigen Querprofilen annähernd gleicher Seehöhe Schneepegel aufstellen, auf den Schnee- und Eisflächen Totalisatorstationen errichten und darüber hinaus noch zeitweise Schneedichtemessungen anstellen, würde die derzeit noch immer umstrittene Frage des Hochgebirgsniederschlages nicht mehr lange problematisch bleiben.

Im Zusammenhang mit der Volumsabnahme der Gletscher wird in Bergsteigerkreisen und von Technikern meist übereinstimmend geäußert, daß die Winter der letzten Jahre schneeärmer verliefen als früher. Die Tabelle 2 mit den Mittelwerten der Schneehöhen 1949 bis 1953 und den Unterschieden gegen die Periode 1927 bis 1953 auf dem Großen Goldberggletscher und auf dem Kleinen Fleißkees lehrt, daß die auf Vermutungen beruhende Annahme einer Schneefallverringerung keineswegs den Tatsachen entspricht, sondern eher das Gegenteil der Fall ist.

Tabelle 2. Mittlere Schneehöhen im Zeitabschnitt 1949—1953 in Zentimetern Ende jedes Monats (1. Zeile) und Änderungen im Vergleich zur Periode 1927—1953 in Zentimetern (2. Zeile). Die Vorzeichen plus bedeuten Zunahme und minus Abnahme.

	Jän.	Feb.	März	April	Mai	Juni	Juli	Aug.	Sept.	Okt.	Nov.	Dez
Kolm-Saigurn, 1600 m....	118	*143*	137	33	—	—	—	—	—	13	34	8
	+ 18	+ 16	+ 5	— 50	— 13				— 2	+ 5	+ 4	+ 17
Unt. Goldbergkees, 2480 m	325	378	*528*	458	360	190	24	—	14	55	175	258
	+ 67	+ 73	+ 162	+ 80	+ 18	— 37	— 59		+ 1	+ 11	+ 43	+ 143
Ob. Goldbergkees, 2710 m .	525	536	*674*	656	598	420	176	45	24	59	230	378
	+ 224	+ 184	+ 254	+ 204	+ 152	+ 87	— 9	— 5	— 5	+ 4	+ 82	+ 134
Ob. Steilhang des Goldbergkeeses, 2850 m.	492	555	614	*646*	590	422	238	19	48	89	258	385
Fleißscharte, 2980 m	425	500	574	*620*	580	418	209	65	46	74	248	343
	+ 130	+ 150	+ 180	+ 164	+ 98	+ 29	— 43	— 49	— 33	+ 13	+ 74	+ 106
Fleißkees, 2875 m	550	602	672	*692*	662	486	266	114	78	114	283	453
	+ 183	+ 167	+ 182	+ 156	+ 136	— 21	— 52	— 59	— 34	+ 28	+ 89	+ 155

Im Fünfjahrmittel aus den Jahren 1949 bis 1953 werden 6 m Schneehöhe schon Ende Februar auf dem Fleißkees, Ende März auf dem oberen Goldbergkees, auf dem oberen Steilhang (an einer Stelle, an der erst seit 1949 gemessen wird) in 2850 m Seehöhe und Ende April auch in der Fleißscharte überschritten. Die Differenzenbeträge zwischen der langjährigen und kurzen Meßreihe jüngsten Datums weisen eindringlich darauf hin, daß die letzten Winter in allen Höhenlagen des Sonnblickgebietes bedeutend schneereicher wurden. Die Zunahme der Schneemächtigkeit beträgt bis zu 2½ m. In gewissem Gegensatz zum starken Anschwellen der winterlichen Schneedecken schrumpften in der letzten Zeit in den Monaten der warmen Jahresezeit die seit Beginn der Akkumulationsperiode des Vorjahres stammenden Firndecken etwas zusammen.

Das Mächtigerwerden der Schneedecken des winterlichen Hochgebirges in der Gegenwart sollte nicht zu sehr verwundern, konnten sich doch über der Firnfläche des Katastrophensommers 1947 in der Fleißscharte bis zum Herbst des Jahres 1953 gegen 7 m Firnrücklagen (siehe Tabelle 3) ansammeln und rückten die Zungen des Sonnblick- und des Goldbergkeeses seit 1947 bereits zweimal vor [5]. Die restlichen Eisschilde des Neunerkeeses besitzen heute größere Areale als 1947, und im Bereich dieses im Laufe von 100 Jahren fast völlig verschwundenen Gletschers entstanden zahlreiche neue ausgedehnte Schneefelder.

Tabelle 3. Jahresfirnzuwachs in der Fleißscharte in Zentimetern in den Jahren 1938—1953 (festgestellt jeweils am Ende der Abschmelzperiode September-Oktober).

Jahr	1938	1939	1940	1941	1942	1943	1944	1945
Firnrücklage	40	0	110	70	13	26	40	40
Jahr	1946	1947	1948	1949	1950	1951	1952	1953
Firnrücklage	0	0*	340	20	50	250	10	25

* Im Jahr 1947 schmolzen die Firnrücklagen vieler Jahre ab.

Die durchschnittliche größte Mächtigkeit der Schneelagen stellte sich zwischen 1949 und 1953 durchwegs in allen Höhenlagen um einen Monat früher ein als im Mittel der langen Beobachtungsreihe 1927—1953 und des Zeitabschnittes 1928—1933. Im schneereichen Winter 1951 lagen in Kolm-Saigurn in der Zeit maximaler Entwicklung mehr als 3,5 m, auf dem unteren Goldberggletscher 9,5 m, in der Fleißscharte 9,3 m und auf dem oberen Fleißkees 10,5 m Schnee.

Schrifttum

[1] F. Steinhauser, Schneemessungen am Sonnblick und im Sonnblickgebiet. XLII. Jahresbericht des Sonnblick-Vereines, S. 43 (1933).

[2] H. Tollner, Über Schwankungen von Mächtigkeit und Dichte ostalpiner Firnfelder. Archiv für Meteorologie, Geophysik und Bioklimatologie, Serie B, III, 189 (1951).

[3] H. Tollner, Zum Problem Eishaushalt und Niederschlag im Hochgebirge. Mitteilungen der Geograph. Gesellschaft in Wien *90*, 3 (1948).

[4] F. Steinhauser, Untersuchungen über die Schneedeckenverhältnisse im Hochgebirge auf der Großglockner-Hochalpenstraße. Geofisica pura e applicata *17*, 183 (1950), und
H. Tollner, Wetter und Klima im Gebiete des Großglockners. Carinthia II, 14. Sonderheft, 1952.

[5] H. Tollner, Die meteorologisch-klimatischen Ursachen der Gletscherschwankungen in den Ostalpen während der letzten zwei Jahrhunderte. Mitteilungen der Geograph. Gesellschaft 1954. Dort auch Literaturangaben über alle im Sonnblickgebiet vorgenommenen Gletschermessungen.

Lawinen im Sonnblickgebiet

Von W. Friedrich, Wien

Nach der Lawinenkatastrophe des Jänner 1951 stand das meteorologische Observatorium auf dem Hohen Sonnblick im Mittelpunkt des wissenschaftlichen Interesses.

Von vielen Stellen, zuständigen und weniger zuständigen, war versucht worden, die Ursachen für den Abgang der ungewöhnlichen Lawinen festzustellen, ungewöhnlich nicht nur wegen ihrer Vielzahl und ihres Ausmaßes, sondern auch bezüglich der örtlichen Lage der Lawinenbahnen. In diesen kritischen Tagen des Jänner 1951 sind Orte von Lawinen betroffen worden, die sich bisher völlig sicher fühlten, und manche Gebäude wurden weggerissen, die schon seit vielen Jahrzehnten, teilweise sogar seit 300 Jahren auf ihrem Platz standen.

Zur Untersuchung der Lawinenursachen standen in einem Umkreis um den Sonnblick von etwa 50 km die folgenden meteorologischen Stationen, der Seehöhe nach geordnet, zur Verfügung:

Sonnblick-Observatorium	3106 m	Heiligenblut	1343 m	Rauris	945 m
Naßfeld (Glocknerstraße)	2347 m	Mallnitz	1185 m	Laas	891 m
Schmittenhöhe	1964 m	Ferleiten (Glocknerstraße)	1145 m	Radstadt	870 m
Guttal (Glocknerstraße)	1868 m	Mauterndorf	1122 m	Mittersill	787 m
Moserboden	1800 m	Sillian	1080 m	Zell am See	751 m
Hahnenkamm	1665 m	Döllach	1025 m	Gmünd i. K.	732 m
Mitterberg	1503 m	Kornat i. Lesachtal	1025 m	Lienz	666 m
St. Jakob i. Def.	1410 m	Badgastein	973 m	Litzlhof b. Pusarnitz	580 m
Kals	1347 m	Techendorf	946 m	Bischofshofen	545 m

Viele dieser Stationen sind mit Registriergeräten ausgerüstet. Es war daher möglich, die Temperatur-, Wind- und Niederschlagsverhältnisse gut zu analisieren.

Im Fall des Jänner 1951 hätte es aber gar nicht so vieler Beobachtungsstationen bedurft, um die Lawinenursachen festzustellen. Die Schneemassen, die in der Zeit vom 18. bis zum 21. Jänner fielen, waren enorm. Die Schneehöhe betrug am 21. Jänner auf der Schmittenhöhe 3,40 m; auf dem Sonnblick lag fast 7 m Schnee, aber auch in den Tälern gab es Schnee bis 1,5 m Höhe. Der Wind kam aus Nordwesten und erreichte am 19., 20. und 21. Jänner zeitweise Sturmesstärke. Dadurch wurden große Neuschneemassen von den exponierten Flächen auf die Leeseiten vertragen, wodurch die Schneehöhen an manchen Stellen um ein Vielfaches anstiegen.

Die Temperatur lag in dieser Zeit in 2000 m Höhe bei — 5 Grad, in 2500 m bei — 8 und am Sonnblick bei — 10 Grad. Der Schnee war also trocken und locker, und das war ja auch die Voraussetzung für die katastrophalen Verwehungen. Der innere Halt der Schneemassen reichte bei der fortwährenden Zufuhr von Neuschnee nicht aus, und das um so weniger, als durch Setzungs- und Pressungsvorgänge Spannungen in der vielfach windgepreßten Schneedecke entstanden.

Keinesfalls aber waren Tauwetter, Regen, Graupeln oder ähnliche durch Warmluft bedingte Erscheinungen die Ursache der in großer Höhe abgehenden Lawinen. Das in der Niederung herrschende Tauwetter konnte sich in der Höhe der Lawinenabrisse, also in 2000 m und darüber, niemals auswirken. Hingegen führte eine Erwärmung in den oberen Luftschichten von — 15 auf — 10 Grad oder von — 10 auf — 5 Grad in den meisten Fällen zu einer Vergrößerung der Niederschlagsintensität und beschleunigte überdies die Verkörnung der Schneekristalle (das Altern) und damit die Bildung von Hohlräumen innerhalb der Schneedecke. Diese Vorgänge sind jedoch streng von Tauwetter zu unterscheiden.

Der Gang der maßgebenden Witterungselemente Schneehöhe, Temperatur und Wind sind in Abbildung 1 für die Zeit vom 18. bis 22. Jänner 1951 für die Stationen

Station								
Sonnblick 3106 m, cm	400	410	415	430	470	600	660	700
Guttal 1868 m, cm	188	199	195	197	203	231	306	322
Badgastein 973m, cm	43	42	44	49	48	59	90	104
Januar 1951	15.	16.	17.	18.	19.	20.	21.	22.

Abb. 1

Abb. 2. Überreste des durch eine Lawine vernichteten Bodenhauses. Vorne stand der Stall, dahinter das Haus. (Photo Dr. Tollner).

Sonnblick, Guttal auf der Südseite und Badgastein auf der Nordseite des Alpenhauptkammes wiedergegeben.

Aus der unmittelbaren Nähe des Sonnblicks sind vor allem jene Lawinen zu nennen, die das Bodenhaus im Rauriser Tal, das Ölbrennerhaus im Kötschachtal bei Gastein und Heiligenblut zerstörten.

Das Bodenhaus wurde am 21. Jänner 1951 um 23 Uhr durch eine Lawine vollkommen vernichtet (Abbildung 2). Der zur Zeit des starken Schneefalls vom 18. bis 21. Jänner herrschende West- bis Nordwestwind hatte große Mengen des lockeren Neuschnees vom Raum des Ritterkopfs zum oberen Rand des Bocksteinkars verlagert, von wo in einer Höhe von etwa 2400 m die Lawine abriß und als Staublawine zum Bodenhaus abfuhr, das Hauptgebäude und den Stall vernichtend. Der am Hang oberhalb des Bodenhauses stehende Wald konnte der Lawine nicht standhalten und wurde durchbrochen.

Zur Zeit des Lawinenabganges herrschte im Bocksteinkar eine Temperatur von etwa —6 bis —8 Grad. Der Neuschnee war unbedingt trocken und leicht, allerdings infolge der mechanischen Bearbeitung durch Turbulenz schon etwas verkörnt und örtlich windgepreßt. Im Tal lag die Temperatur bei 0 Grad, der Schnee wurde im unteren Teil der Lawinenbahn schon etwas schwerer.

Oberhalb von Heiligenblut liegt die Weiße Wand am Südabfall des Scharecks. Von dort brach am 21. Jänner um 4 Uhr bei Temperaturen von etwa —5 bis —6 Grad jene Lawine los, die ihre Bahn durch Heiligenblut nahm und eine traurige Berühmtheit erlangte. Schon öfter hat der Wald oberhalb von Heiligenblut Lawinen aufgehalten. Mit jedem Jahr wurden die Bäume stärker, mit jedem Jahr fühlten sich die Bewohner sicherer. Am 19. und 20. Jänner wurde ein Großteil des Neuschnees vom Schareckplateau auf den Südhang bei der Weißen Wand verblasen, von wo die großen Mengen trockenen Neuschnees zu Tal fuhren. Außer der Schollenform mußte in der Lawine auch viel Schneestaub enthalten gewesen sein, sonst wären die Luftdruckschäden nicht so gewaltig gewesen. Zur Zeit der Katastrophe betrug die Lufttemperatur in Heiligenblut etwa —3 Grad.

Ebenfalls am 21. Jänner 1951 brach vom Flugkogel in etwa 2100 m Höhe bei einer Temperatur von vielleicht —4 Grad eine Lawine ab, die den Ölbrennerhof im Kötschachtal bei Badgastein völlig zerstörte und zahlreiche Menschenleben vernichtete. Die Wirkung des Luftdrucks dieser Staublawine führte bei fast allen Verunglückten zu Lungenrissen.

Mit der Setzung der Schneemassen nach dem 22. Jänner war die Lawinengefahr verringert, aber nicht endgültig behoben. War doch nur ein unbedeutender Teil der Schneemassen zu Tal gefahren, und es war zu erwarten, daß im Frühjahr weitere Lawinen, Erdrutsche und Hochwässer auftreten werden.

Zur Monatsmitte des April 1951 herrschte im Sonnblickgebiet vielfach heiteres Wetter mit kräftiger Sonnenstrahlung. Am 17. und 18. April stieg die Lufttemperatur auch im Schatten über den Gefrierpunkt bis in jene Höhen, in welchen noch von den Schneefällen des Jänner her große Schneemassen lagerten. Das Tauwetter stieg am 17. und 18. April bis über 2700 m hinauf, und der kräftige Wind drehte von Nordwest auf Südwest. Die Verkörnung und Verfirnung des Altschnees war weit fortgeschritten, zahlreiche kleine Hohlräume unterminierten den Zusammenhalt des Schnees. Die wärmende Wirkung der Sonne und eindringendes Schmelzwasser beschleunigten den Zersetzungsprozeß, so daß um diese Zeit zahlreiche Altschneelawinen abgingen.

Von der obersten großen Fleißalm wurde im Jänner 1951 viel Schnee abgetragen und hinter dem Kamm des Gosinkopfs am oberen Rand der Magritzen (Mokritzen) abgelagert. Schon öfter gingen von dort oben Lawinen ins Kleine Fleißtal. Aber ein etwas vorgeschobenes Terrain oberhalb des Alten Pochers in 2000 bis 2100 m Höhe ließ die Lawinen oberhalb oder unterhalb des Gasthauses ins Tal abgehen, der Alte Pocher selbst schien sicher zu sein.

Die mächtige Altschneelawine vom 18. April 1951 achtete aber nicht des schützenden Vorsprungs. Sie ließ sich nicht nach Osten oder Westen ablenken, sondern stürzte über die baumlosen Geröllhalden direkt auf den Alten Pocher, drei Menschen begrabend, von denen nur Frau Emma Köstler gerettet werden konnte.

Der Ursprung dieser Lawine lag in 2400 bis 2500 m Höhe. Der Abgang erfolgte um ca. 11 Uhr bei einer Temperatur von etwa + 2 Grad und Sonnenschein. Beim Alten Pocher herrschte eine Temperatur von etwa + 7 Grad. Die Lawine, die den Alten Pocher zerstörte, war eine nasse Firnlawine.

Alljährlich gehen zahlreiche Lawinen im Sonnblickgebiet ab, ohne bedeutenden Schaden anzurichten. Es handelt sich teils um Schneebretter in den oberen Felsregionen, teils aber auch um Lawinen, die bis ins Tal reichen und die Wege im Rauriser Tal und Fleißtal sperren. Das Seebichlhaus am Zirmsee wurde in den dreißiger Jahren von einer Lawine zerstört und seither nicht mehr aufgebaut. Einige Jahre später fuhr wieder eine Lawine über die gleiche Stelle. Diese Lawinen gingen von der Gjaidtroghöhe ab.

Im Jänner 1954 fuhren besonders in Vorarlberg wieder schwere Lawinen zu Tal. Die Ursachen waren im allgemeinen dieselben wie im Jahre 1951: sehr ergiebiger Schneefall bei Sturm und Temperaturen unter 0 Grad. Auch im Sonnblickgebiet ging unter anderen am 12. Jänner 1954 von den Grieswieswänden in etwa 2200 m Höhe eine Lawine ab, vernichtete die Grieswiesalm und endete erst im Tal.

Die meteorologischen Verhältnisse, die auch für die Vorarlberger Katastrophe gelten, waren folgende:

Am 9. Jänner 1954 begannen Schneefälle bei — 19 Grad am Sonnblick und Nordwind mit Stärke 4 bis 5 Beaufort. Die Ergiebigkeit der Schneefälle war beachtlich: auf dem Sonnblick betrug die Schneehöhe am 9.: 1,70 m, am 10.: 1,90 m, am 11.: 2,60 m und am 12.: 3.50 m. Die Temperatur stieg in 3100 m von — 23 Grad am 8. auf — 14 Grad am 12. In 2000 m Höhe betrug die Temperatur am 12. Jänner — 6 Grad, in 1500 m — 4 Grad und in 1200 m — 2 Grad.

So wie im Jahre 1951 herrschte auch im Jänner 1954 während des Lawinenabganges Tauwetter in den Tälern mit + 1 Grad in 800 m und + 2 Grad in 550 m. Auch in diesem Jahr kann das Tauwetter der Niederung nicht für den Abgang der Lawinen verantwortlich gemacht werden, auch in diesem Jahr aber hat die Temperaturerhöhung in 3100 m von — 23 auf — 14 Grad eine Erhöhung der Niederschlagsintensität zur Folge gehabt und auf diese Weise zum Abgang der Lawinen wesentlich beigetragen.

Drei Tage nach der Lawinenkatastrophe in Vorarlberg, am 15. und 16. Jänner 1954, nahm die Temperatur bis in größere Höhe zu, das Tauwetter reichte bis über 2000 m Höhe bei gleichzeitigem Regen. Trotzdem wurde keine Lawine größeren Ausmaßes gemeldet. Der Schnee hatte sich schon gesetzt und gefestigt, während die Veränderung der Schneestruktur noch nicht so weit fortgeschritten war, um den inneren Zusammenhalt wesentlich zu stören.

Es wäre zwecklos, würden sich die Forschungen in einer nachträglichen Feststellung der Lawinenursachen erschöpfen. Die Kenntnis der Lawinenursachen muß vielmehr den Ausgangspunkt für eine richtige und wirkungsvolle Lawinenverbauung bilden, sei es durch künstliche Bauten, Kolktafeln und Erdhöcker, sei es durch intensive Aufforstung bis in möglichst große Höhen.

Die oft unter großen Mühen und auch Gefahren angestellten Beobachtungen im Alpengebiet mit dem Sonnblick-Observatorium an der Spitze bildet die notwendige und solide Basis für alle Erwägungen und Maßnahmen, die dem Schutz des Lebens der Gebirgsbewohner und ihres Gutes gewidmet sind.

Zur Problematik der Gletscherschwankungen

Von F. Sauberer, Wien

Mit Interesse, ja teilweise mit einer gewissen Besorgnis beobachten wir in den Alpen einen insbesondere in den letzten Jahren sehr intensiven Rückgang der Gletscher. Gletscherschwankungen hat es immer gegeben und wird es immer geben. Es ist ja ein Zufall, wenn alle am Massenhaushalt der Eisfelder beteiligten Faktoren so zusammenwirken, daß die Ausgaben ungefähr ebenso groß sind wie die Einnahmen. Beachtenswert ist aber die nun schon lange Zeit hindurch andauernde negative Massenbilanz der Gletscher, der zunehmende Gletscherschwund (siehe z. B. Tollner [1]).

Heutzutage kommt unseren Alpengletschern wegen der zahlreichen schon gebauten bzw. im Bau befindlichen oder projektierten Wasserkraftwerke eine besondere wirtschaftliche Bedeutung zu. Es zeigt sich aber, daß der Eishaushalt der Gletscher durchaus nicht so einfachen Gesetzmäßigkeiten unterliegt, wie früher angenommen wurde. So kommt es, daß die Gletscherkunde in der letzten Zeit einen bedeutsamen Aufschwung erlebt und daß viele einschlägige Veröffentlichungen erschienen. So sei vor allem auf die Bücher von Drygalski und Machatschek [2] und von Klebelsberg [3] hingewiesen, auf zahlreiche wissenschaftliche Abhandlungen in verschiedenen Zeitschriften, auf fortlaufende Berichte über den Stand der Gletscher usw. Leider sind trotzdem die Grundprobleme der Gletscherschwankungen noch immer nicht gelöst, und immer mehr dringt die Erkenntnis durch, daß besonders auf dem Gebiet der physikalischen Gletscherforschung noch viel zu leisten ist.

Die wichtigsten Einnahme- und Ausgabeposten am Gletscherhaushalt sind bekanntlich:

Einnahmen: Niederschlag in Form von Schnee und Eis,
Sublimationserscheinungen,
Eisbildung durch Gefrieren von Wasser.

Ausgaben: Ablation infolge von Wirkungen der Lufttemperatur,
der Strahlung, der Regenfälle und der Verdunstung.

Bezüglich der Einnahmen ist der Niederschlag in Form von Schnee allen anderen Einflüssen weit voranzustellen. Zeiten und Formen der Niederschläge können bei sorgfältiger Arbeit der Bergobservatorien und sonstiger Meßstellen wohl ziemlich gut festgelegt werden, bezüglich der Niederschlagsmengen bestehen aber gewisse Schwierigkeiten. Die an mehr exponierten Punkten aufgestellten Ombrometer erfassen in der Regel infolge der Windeinwirkungen zu geringe Niederschlagsmengen. Hiebei darf aber nicht mit einem gleichmäßigen Fehlbetrag gerechnet werden, weil die Defizite bei verschiedenen Windrichtungen und Windstärken nicht gleich groß sind. Man wird kaum in der Lage sein, im Laufe der Zeiten eventuell eingetretene Änderungen der Windverhältnisse bei Niederschlag mit hinreichender Genauigkeit festzustellen. Sollte dies z. B. für den Sonnblickgipfel dank der fortlaufenden Messungen und Registrierungen möglich sein, so ist das Ergebnis doch nur für einen kleinen Bereich um den Aufstellungspunkt des Niederschlagsmessers repräsentativ.

Mit Nipherschem Trichter ausgerüstete Ombrometer und Totalisatoren sind den Windstörungen viel weniger ausgesetzt und liefern daher verläßlichere Ergebnisse, die aber wieder nur für den Aufstellungspunkt gelten. Genauere geländemäßige Untersuchungen der Niederschlagswerte ergeben aber, daß diese schon auf geringe Distanzen sehr unterschiedlich sein können (siehe z. B. Sauberer [4] und Friedel [5]). Die Aufstellung der Ombrometer an festen Meßorten ist daher Zufälligkeiten unterworfen. Dies gilt in gewissem Maß auch für Totalisatoren, weil wir uns noch keine Vollkommenheit in geländeklimatischer Hinsicht zumuten dürfen und nicht immer charakteristische Aufstellungspunkte ausfindig machen können, zumindest nicht insoweit, daß eine bestimmte Anzahl im Gelände verteilter Totalisatoren einen verläßlichen Mittelwert für das untersuchte Gebiet erbringen müßte.

Vielfach behilft man sich in der letzten Zeit damit, daß man durch ausgedehnte Sondierung die Schnee-Ablagerungen auf den Gletschern feststellt. Auf diese Weise bekommt man meist wohl eine gut brauchbare Schnee-Niederschlagsbestimmung (ohne Erfassung der Regenfälle) der betreffenden Gletscherfläche, was glaziologisch angestrebt wird. Diese Niederschlagswerte gelten aber nicht für das den Gletschern benachbarte Terrain, weil die Ablagerung auf den Gletschern auch teilweise auf Schneeverfrachtungen durch Treiben, Wehen usw. zurückzuführen sind und außerdem schon infolge der Windverhältnisse im Gelände der Schnee verschieden hoch abgelagert wird. Es wäre also verfehlt, auf Grund der Gletschersondierungen Abflußwerte für ganze Geländepartien herleiten zu wollen.

Die langjährige Veränderlichkeit der auf den Gletschern angelagerten Schneemengen kennt man begreiflicherweise heute noch nicht. Studiert man die Veränderlichkeit der Niederschläge, so muß man sich auf die mit den skizzierten Mängeln behafteten Ergebnisse der Bergobservatorien stützen. Es ist also begreiflich, daß auf diese Weise zunächst keine entscheidenden Beiträge zur restlosen Klärung der Ursachen der Gletscherschwankungen gewonnen werden können. Nicht unwichtige Anhaltspunkte könnten sich aber ergeben, wenn man die in den verschiedenen Jahreszeiten gefallenen Niederschläge mit anderen Faktoren, so besonders mit den Strahlungsverhältnissen, in Beziehung bringt.

Es ist durchaus nicht der Zweck dieser Zeilen, die Einflüsse der Niederschlagswerte auf die Gletscherschwankungen näher zu diskutieren. In gleicher Weise sollen die anderen Möglichkeiten einer Vermehrung der Eismassen der Gletscher, wie Gefriervorgänge und Sublimation, die übrigens verhältnismäßig wenig Bedeutung haben, hier außer acht gelassen werden.

Die an der Ablation der Gletscher beteiligten Faktoren können hier bezüglich ihres Wirkungsgrades nicht eingestuft werden. Diesbezügliche Angaben lieferten in letzter Zeit besonders Wallén [6] für skandinavische Gletscher und Hoinkes und Untersteiner [7] für den Vernagtferner. Die gründlichen Untersuchungen der Letztgenannten beziehen sich auf die Verhältnisse in den Alpen, betreffen aber zunächst nur blankes Gletschereis. Für eine zehntägige Untersuchungsperiode im letzten Augustdrittel 1950 fanden Hoinkes und Untersteiner folgende Anteile an der Gesamtablation:

Strahlung	81,2%
Wirkung der Lufttemperatur	14,8%
Kondensationswärme	3,5%
Durch Regen zugeführte Wärme	0,2%
Verdunstung	0,3%

Der große Anteil der Strahlung ist in diesem Fall darauf zurückzuführen, daß es sich um Blankeis handelt. Die weiteren Messungen von Hoinkes über anderen Gletscheroberflächen sind noch nicht veröffentlicht.

Begreiflicherweise können durch langjährige Änderungen der Temperaturverhältnisse merkliche Auswirkungen auf die Gletscherstände hervorgerufen werden, zumal man im Durchschnitt für die Gletscher mit einem merklich größeren Anteil der Schmelzwirkung der Luftwärme rechnen muß als mit 15%. Hier kann auf diese Probleme aber nicht eingegangen werden, es soll vielmehr nur einiges über den Strahlungsanteil an der Ablation ausgesagt werden, der nach einer früheren Meinung von Maurer 65—70% der Gesamtablation hervorrufen könnte und auch nach den neueren Untersuchungen von Hoinkes in den Alpen den Hauptanteil an der Ablation bringt.

Noch immer ist die Ansicht weit verbreitet, die Gletscherrückgänge der letzten Jahrzehnte seinen in einfacher Weise durch eine ständige Zunahme der Sonnenscheindauer zu erklären, was aber nach Ansicht des Verfassers nicht zutrifft. Vor allem fehlen noch die Beweise für eine tatsächliche Zunahme der Sonnenscheindauer im Bereich der Alpengletscher. Diesbezügliche eingehendere Untersuchungen stehen noch aus. Hier sei aber eine einfache Übersicht (in Prozenten des Abschnittes 1931—1940) über die Dezennienwerte der Sonnenscheindauer auf dem Sonnblick, auf der Zugspitze und auf dem Säntis gebracht (Tabelle 1). Die Angaben beziehen sich auf Jahressummen und auf die Summen der Monate Juni bis August. Eindeutig tritt in der Tabelle 1 der tatsächliche Sonnenscheinreichtum im Jahrzehnt 1941—1950 in Erscheinung. Da die Rückgänge der Gletscher aber erheblich weiter zurückreichen, sagt diese Tatsache an sich noch nicht viel aus. Für den Sonnblick ergibt sich aus unserer Tabelle tatsächlich eine seit der Eröffnung des dortigen Observatoriums stetige Zunahme der Dezennienwerte sowohl für das Jahr als auch für den Sommer. Von der Zugspitze stehen nur zwei Jahrzehntwerte zur Verfügung, welche ebenfalls eine Zunahme zeigen. Betrachtet man hingegen die auf dem Säntis registrierten Sonnenscheinstunden, so findet man auf keinen Fall eine ständige Zunahme, sondern bestenfalls einen leichten Anstieg im Zeitabschnitt 1921—1950. Die Gletscherrückgänge erstrecken sich aber über die gesamten Alpen, so daß die angegebenen Sonnenscheinzahlen untereinander in einem gewissen Widerspruch stehen. Inwieweit sich Verbesserungen in der Apparattype, in der Aufstellung und der

Tabelle 1. Mittelwerte der Sonnenscheindauer und der Bewölkung für zehnjährige Zeitabschnitte, ausgedrückt in Prozenten der Werte für den Abschnitt 1931—1940. (Angaben für das Jahr und die Monate Juni-Juli-August.)

Sonnenscheindauer:	1891—1900	1901—1910	1911—1920	1921—1930	1931—1940	1941—1950
Jahr						
Sonnblick	97	90	95	100	100	107
Zugspitze	—	—	—	94	100	—
Säntis	111	103	106	99	100	105
Juni—August						
Sonnblick	92	93	96	103	100	111
Zugspitze	—	—	—	95	100	—
Säntis	105	99	100	93	100	101
Bewölkung:						
Jahr						
Sonnblick	97	96	100	97	100	103
Zugspitze	—	97	102	98	100	—
Säntis	93	97	97	97	100	97
Juni—August						
Sonnblick	98	93	99	96	100	98
Zugspitze	—	99	101	99	100	—
Säntis	99	100	101	100	100	97

Güte der Wartung des Gerätes durch eine Zunahme der Sonnenscheindauer bemerkbar machen, müßte noch eingehender untersucht werden, ebenso die Frage, inwieweit die hier berücksichtigten Bergobservatorien für die Alpen im ganzen bzw. für bestimmte Abschnitte repräsentativ sind.

Ein Maß für die Sonnenscheindauer ist bekanntlich auch der beobachtete Bewölkungsgrad. Die Schätzung des Bewölkungsgrades ist allerdings in hohem Maße von der subjektiven Auffassung des Beobachters abhängig, wobei auch gewisse Änderungen in den Instruktionen eine Rolle spielen können. Versucht man, trotz dieser Unsicherheiten die Änderungen der Bewölkungsverhältnisse mit den Ergebnissen der Sonnenscheinregistrierungen zu vergleichen, so findet man, daß die Bewölkung im Laufe der Zeit keinesfalls eindeutig abgenommen hat. Die in der Tabelle zusammengestellten Werte können daher keine strikten Beweise für eine tatsächliche Zunahme der Sonnenscheindauer im Laufe der letzten Jahrzehnte liefern.

Nun ist aber außerdem der Betrag der Ablation der Gletscher der auf verschiedene Zeitabschnitte fallenden Sonnenscheindauer durchaus nicht proportional. Zwecks Fundierung dieser Behauptung muß etwas mehr über den Strahlungshaushalt der Alpengletscher ausgeführt werden.

Die Intensität der auf den Gletscher auffallenden Sonnenstrahlung gibt zunächst noch keinen Anhalt über die Schmelzwirkung dieser Strahlung, weil hier nur jener Anteil in Betracht kommt, der tatsächlich absorbiert wird. Dieser Anteil ist um so größer, je geringer die Reflexion an der Gletscheroberfläche ist (die sogenannte „Albedo“). Die Albedo erreicht bei Neuschnee 90%, sie sinkt anderseits bei verschmutztem Gletschereis oft unter 20% ab. Außerdem wirken in der Strahlungsbilanz neben der Sonnenstrahlung auch die Himmelsstrahlung, die Gegenstrahlung der Atmosphäre und die Ausstrahlung der Gletscheroberfläche maßgebend mit. Im Jahre 1938 wurden mit Unterstützung durch den Sonnblick-Verein nähere Untersuchungen über die Strahlungsbilanz der Alpengletscher und die einzelnen daran beteiligten Komponenten aufgenommen [8]. Die folgenden Ereignisse machten zunächst eine Weiterführung dieser Messungen unmöglich. Im Sommer 1950 konnte der Verfasser aber gemeinsam mit Dr. I. Dirmhirn und einigen Mitarbeitern mit Unterstützung durch den Sonnblick-Verein auf dem Sonnblick die Strahlungsuntersuchungen wieder aufnehmen und diese im Sommer 1951 fortsetzen [9, 10]. Auf Grund der hiebei gefundenen Ergebnisse zeigt sich, daß gerade die bisher arg vernachlässigte „Albedo“ für den Strahlungsgenuß der Gletscher und somit für die Ablation eine sehr große Bedeutung hat. Betrachten wir die Strahlungsbilanz für den Zeitabschnitt von Mai bis September, so finden wir in Abhängigkeit von der Albedo bei verschiedenen Stufen der relativen Sonnenscheindauer folgende Tagessummen der Strahlungsbilanz horizontaler Gletscherflächen.

Tabelle 2. Tagessummen der Strahlungsbilanz in cal/cm² Tag bei verschiedenen Stufen der relativen Sonnenscheindauer auf dem Sonnblick.

Sommer Sonnenscheindauer in Prozenten der möglichen Albedo	100	50	0
20	442	332	276
40	297	215	203
60	126	98	130
80	—31	—16	63

Aus diesen Bilanzwerten ergeben sich folgende Tages-Ablationen für kompaktes Eis (E) und für Firn (F) von einer Dichte von 0,5:

Albedo	Ablation in Millimetern					
Sonnenscheindauer in Prozenten der möglichen	100		50		0	
	E	F	E	F	E	F
20	55	110	41	82	35	70
40	37	74	27	54	25	50
60	15	30	12	24	16	32
80	—	—	—	—	8	16

Es mag zunächst befremdend erscheinen, daß z. B. bei einer Albedo von 80%, was ungefähr einem Mittelwert für Neuschnee entspricht, bei ganz bedecktem Himmel eine Tagesbilanz der Strahlung von 63 cal/cm² zu erwarten ist, bei einer Sonnenscheindauer von 50% hingegen eine negative Bilanz, also ein Ausstrahlungsüberschuß, von — 16 cal/cm² und bei wolkenlosem Himmel sogar eine solche von — 31 cal/cm². Dies wird verständlich, wenn man bedenkt, daß in diesem Fall von der auffallenden Sonnenstrahlung nur 20% dem Gletscher zugute kommen und daß die Verstärkung der Gegenstrahlung durch die Bewölkung $^{10}/_{10}$ gegenüber wolkenlosem Himmel ein Mehr von 166 cal/cm² pro Tag ergibt. Mit zunehmender Wolkenbedeckung des Himmels wird die Tagessumme der Globalstrahlung geringer, jene der Gegenstrahlung aber größer. Je höher die Albedo ist, desto mehr fällt die Zunahme der Gegenstrahlung ins Gewicht, so daß sich schließlich die in der Tabelle angeführten scheinbar paradoxen Tagessummen ergeben. Für die bei Firn- und Altschneeflächen in den Sommermonaten sehr häufigen Albedowerte zwischen 50 und 60% verliert die Sonnenscheindauer im Sommer weitgehend an Bedeutung, bei einer Albedo von 60% ist die Tagesbilanz schon bei ganz bedecktem Himmel günstiger als bei wolkenlosem. Das Ergebnis dieser Betrachtungen ist etwa folgendermaßen zu formulieren: Im Sommer ist auf den Alpengletschern, solange diese mit Altschnee oder mit Firn bedeckt sind, die Sonnenscheindauer von geringer Bedeutung, maßgeblich wird die Strahlungsbilanz der Gletscher von deren Reflexionsvermögen, der „Albedo", beeinflußt.

Aus den bisherigen Ausführungen geht also hervor, daß der direkten Sonnenstrahlung und damit der Sonnenscheindauer bezüglich ihrer Wirkung auf die Ablation und den fortgesetzten Massenverlust der Gletscher in zweifacher Weise eine zu große Bedeutung beigemessen wurde, weil:

1. die Zunahme der Sonnenscheindauer überschätzt wurde bzw. überhaupt problematisch ist,

2. der Einfluß der direkten Sonnenstrahlung auf die Strahlungsbilanz bzw. den Wärmehaushalt der Gletscher ebenfalls überschätzt wurde.

Diese Behauptungen stehen keinesfalls zu den Ergebnissen der Messungen und Berechnungen von Hoinkes und Untersteiner auf dem Vernagtferner in Widerspruch, welche, wie erwähnt, für die Strahlung einen Anteil von 81% an der Ablation fanden. Im Falle dieser Untersuchungen handelt es sich um Blankeis von geringer Albedo, für welches, wie die Tabelle 2 zeigt, auch ein erheblicher Einfluß der direkten Sonnenstrahlung besteht. Es ist aber zu bedenken, daß die Gletscheroberflächen nur eine kurze Zeit hindurch schnee- und firnfrei sind.

Außerdem bleibt trotz des Zurücktretens des Einflusses der direkten Sonnenstrahlung ein sehr großer Einfluß der Strahlungsvorgänge auf die Ablation bestehen. Es ist nur notwendig, von der zu einfachen Betrachtungsweise abzugehen und die Komponenten der Strahlungsbilanz richtig und ihrer Bedeutung gemäß zu erfassen, wie dies in unseren Alpen Hoinkes und Untersteiner ganz unabhängig von unseren Untersuchungen taten.

Wenn nun nach Ansicht des Verfassers die Schwankungen der Sonnenscheindauer nicht für namhafte Veränderungen der Gletscherstände verantwortlich gemacht werden können, so bleibt immerhin die Möglichkeit offen, daß trotzdem Strahlungsvorgänge maßgeblich an den Gletscherschwankungen beteiligt sind. Eine einzige Ursache wird kaum imstande sein, so ausgedehnte Gletscherrückgänge zu verursachen, wie wir sie in der Jetztzeit beobachten können. Dies gilt auch für die Strahlungsvorgänge, und es wird notwendig sein, aus genauen Beobachtungen und Messungen Schlüsse auf ein Zusammenwirken von Strahlung und anderen meteorologischen Erscheinungen zu ziehen. Hier seien einige Beispiele für eventuelle Möglichkeiten gebracht:

1. Albedoschwankungen durch Verunreinigungen. Gewisse Witterungserscheinungen könnten unter Umständen die Verwitterung fördern, im Zusammenhang mit Luftströmungen könnte dann die Albedo gewisser Gletscherflächen verringert und dadurch die Ablation vergrößert werden. Auch von fernen Gegenden durch die Luft zugeführte Staubmassen und möglicherweise auch organische Substanzen bzw. Abbauprodukte könnten solche Wirkungen hervorrufen.

2. Albedoänderungen durch geänderte Niederschlagsverhältnisse. Neuschneedecken wirken strahlungsbedingt für die Gletscheroberflächen konservierend. Die Albedo einer Neuschneedecke verringert sich mit der Zeit erheblich. Fällt daher eine bestimmte Schneemenge einmal in Form weniger, starker Schneefälle und dann wieder in zahlreichen wenig ergiebigen Schneefällen, so ist im letzten Fall der Mittelwert der Albedo erheblich höher und daher die Ablation bedeutend geringer. Eine Verringerung der Zahl der Tage mit Schneefall wirkt daher ablationserhöhend. Schon ein kurzer Regenfall kann die Albedo einer Schneedecke merklich verringern. Die Zunahme der Zahl der Tage mit Regen wirkt sich auch strahlungsmäßig ablationserhöhend aus.

3. Änderungen der Albedo durch Tauwetter. Bei Tauwetter sinkt der Albedowert. Die Wirkung höherer Lufttemperaturen wird durch gleichsinnig verlaufende Änderungen der Strahlungsbilanz verstärkt.

4. Variationen in der Zusammensetzung der Bewölkung. Verschiedene Wolkendichte bedingt verschiedene Intensitäten der Himmelsstrahlung, welche im Hochgebirge im Durchschnitt an Wirkung die direkte Sonnenstrahlung übertrifft. Die ebenfalls sehr wirksame Gegenstrahlung der Atmosphäre ist im Mittel um so intensiver, je niedriger die Untergrenze der Bewölkung ist. Im Zusammenhang mit verschiedenen Wetterlagen können auf diese Weise mannigfaltige Variationen der Strahlungsbilanz auftreten.

Die Aufzählung von Möglichkeiten der Zusammenwirkung der Strahlung mit anderen Wettervorgängen ließe sich noch fortsetzen, worauf aber verzichtet werden soll. Es genügt wohl der nochmalige Hinweis, daß bezüglich der Strahlungsforschung im Bereich unserer Alpengletscher noch viel zu leisten sein wird, noch mehr begreiflicherweise im Hinblick auf die Probleme der Gletscherschwankungen überhaupt. Einfache, allgemeingültige Lösungen sind nicht zu erwarten, und auf jeden Fall spielen lokale Gegebenheiten eine große Rolle, weil auch in Zeiten intensivster Gletscherrückgänge einzelne Gletscher vorstoßen. Vielleicht sind auch die vorliegenden Angaben über die Gletscherschwankungen nicht gut geeignet, um Korrelationen mit Wettervorgängen zu erlauben. Es sei nur erwähnt, daß Messungen am Zungenende der Gletscher mitunter starke Phasenverschiebungen zum wirklichen Eismassengehalt zeigen müssen.

Zur Vertiefung unserer Kenntnisse über den Strahlungshaushalt der Gletscher sind weitere Messungen aller Komponenten der Strahlungsbilanz nötig, dabei auch solche der Oberflächentemperaturen (zwecks Berechnung der Ausstrahlung). Weiters erscheint die Errichtung von Registrierstationen für Sonnenschein, Global- und Himmelsstrahlung als besonders wichtig.

Literatur

[1] H. Tollner, Die Sonnblickgletscher in den Jahren 1938 bis 1951. XLVIII. Jahresbericht des Sonnblick-Vereines, Wien 1952.

[2] E. Drygalski, u. F. Machatschek: Gletscherkunde, Wien 1942.

[3] R. Klebelsberg, Handbuch der Gletscherkunde und Glaziologie, Bd. I. Wien 1948.

[4] F. Sauberer, Kleinklimatische Niederschlagsmessungen im Lunzer Gebiet. Umwelt 11, Wien 1947.

[5] H. Friedel, Gesetze der Niederschlagsverteilung im Hochgebirge. Wetter und Leben *IV*, 73 (1953).

[6] C. C. Wallén, Glacial-Meteorological Investigations on the Karsa Glacier in Swedish Lappland 1942—1948. Geogr. Ann. 1948—1949.

[7] H. Hoinkes u. N. Untersteiner, Wärmeumsatz und Ablation auf Alpengletschern. I. Vernagtferner, Aug. 1950. Geogr. Ann. *34*, 99 (1952).

[8] F. Sauberer, Strahlungsumsatz und Albedomessungen auf dem Sonnblick. XLVII. Jahresbericht des Sonnblick-Vereines, Wien 1938.

[9] F. Sauberer u. I. Dirmhirn, Untersuchungen über die Strahlungsverhältnisse auf den Alpengletschern. Arch. f. Met., Geophys. u. Biokl., Ser. B. *3*, 265, 1951.

[10] F. Sauberer u. I. Dirmhirn, Der Strahlungshaushalt horizontaler Gletscherflächen auf dem Hohen Sonnblick. Geogr. Ann. *34*, 261 (1952).

Zum Problem der Gletscherbewegung

Von N. Untersteiner, Wien

Seit wir wissen, daß die Gletscher keine unbeweglichen, in die Täler des Hochgebirges eingelagerten Eismassen sind, sondern eine stete Bewegung ausführen, hat dieser Umstand in immer steigendem Maße das Interesse der Naturwissenschaft erregt.

Das Gletschereis ist ein hartes, sprödes Material, aufgebaut aus eng zusammengepackten Kristallen. Der Durchmesser dieser Gletscherkörner schwankt zwischen Werten von etwa 1 mm bis zu mehreren Zentimetern, je nach dem Alter des Eises. Als Bestandteil der festen Erde kann das Gletschereis als Gestein, die Gletscher als geologische Körper bezeichnet werden. Ihre besonderen Eigenschaften versetzen uns in die Lage, ihre Bewegungen und Deformationen unter der Wirkung äußerer Kräfte direkt messend zu verfolgen. Das Eis ist wie kein anderes „Gestein" den zerstörenden Wirkungen der Erosion (durch Sonnenstrahlung, Luftwärme, Verdunstung usw.) ausgesetzt. Der Vorgang seiner Bildung entspricht einer Sedimentation aus der Atmosphäre.

Die Erforschung der Bedingungen, unter denen sich Gletscher bilden können, das Zusammenwirken aller atmosphärischen Einflüsse auf ihre Erhaltung und insbesondere die Ursachen für ihre Änderungen in Größe und Form bilden einen eigenen, hochaktuellen Forschungszweig der Meteorologie.

Die folgenden Ausführungen beschäftigen sich mit der Theorie der Gletscherbewegung, d. h. mit den Vorstellungen, die wir uns heute über den mechanischen Ablauf dieser Bewegung machen. Es darf dabei vorweggenommen werden, daß wir heute noch weit davon entfernt sind, eine Theorie zu besitzen, die in der Lage ist, die Gesamtheit unserer empirisch gewonnenen Kenntnisse dieses Naturvorganges in einem geschlossenen und widerspruchsfreien Bild zusammenzufassen.

In langjährigen Beobachtungen der Bewegung an der Oberfläche der Gletscher hat man zunächst Geschwindigkeitsverteilungen ermittelt, wie sie z. B. in Abbildung 1 [6] für die Pasterze, einen besonders gut erforschten Gletscher, gezeigt ist.

Man erkennt aus dem Verlauf der Linien gleicher Geschwindigkeit, daß das „Fließen" des Eises in der Nähe der Umrandung offenbar durch Reibung gebremst wird. Wenn dies für die seitlichen Wände zutrifft, so muß das gleiche auch für die Sohle angenommen werden, d. h. es ist zunächst das wahrscheinlichste, daß die Fließgeschwindigkeit nicht nur von der Mitte zum Rand, sondern auch von der Oberfläche gegen die tieferen Schichten abnimmt.

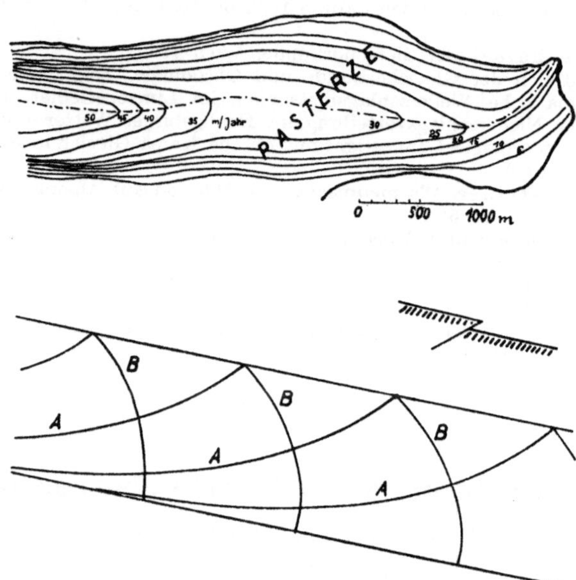

Abb. 1 (oben). Durchschnittliche Jahresbewegung der Pasterze [nach Paschinger, 6].
Abb. 2 (unten). Gleitlinienfeld im Ablationsgebiet eines Gletschers („passives Fließen", [nach Nye, 4]).

Entsprechend diesem ersten Befund verstehen wir, welcherart die ersten Versuche, eine dynamische Theorie der Gletscherbewegung aufzustellen, waren.

Die Bewegung des Eises der Gletscherzungen wird als die Bewegung eines zähflüssigen oder plastischen Stoffes in einer geneigten Rinne betrachtet, und wir wollen im folgenden versuchen, ohne Rücksicht auf die historische Entwicklung den Kern des Problems näher zu betrachten.

1. Wir können annehmen, das Eis sei eine Flüssigkeit von außerordentlich hoher Zähigkeit, etwa vergleichbar mit Siegellack oder Asphalt. („Zäh" im Sinne Newtons heißt, daß beliebig kleine Kräfte beliebig große Deformationen des Körpers erzeugen können, wenn sie nur genügend Zeit zur Verfügung haben.)

2. Wir können annehmen, das Eis sei ein plastisches Material. (Der ideale plastische Körper verhält sich starr gegenüber Kräften, die unterhalb der sogenannten Fließspannung liegen. Jede Spannung oberhalb dieses Schwellenwertes vermag den Körper in beliebig großem Ausmaß zu deformieren.)

Welche der beiden Vorstellungen wir auf die Bewegung des Gletschereises anzuwenden haben, bildet seit Jahrzehnten den Inhalt von Meinungsverschiedenheiten in der Glaziologie. Für beide Auffassungen lassen sich in gleicher Weise überzeugende Argumente anführen.

Die Verteilung der Fließgeschwindigkeit an der Gletscheroberfläche zeigt (wenigstens bei Verwendung der gebräuchlichen Methode, die Verlagerung von Steinlinien geodätisch zu vermessen) keinerlei sprunghafte Übergänge der Bewegung. Es war so zunächst naheliegend, das Eis als zähes Medium, in einem geneigten Gerinne unter der Einwirkung der Schwerkraft fließend zu betrachten. Die entsprechenden mathematischen Ansätze sind nur für einfache, geometrisch idealisierte Gletscherformen lösbar.

Auf dieser Basis entwickelte Somigliana die erste dynamische Theorie der Gletscherbewegung (erweitert durch Lagally). Für einen Idealgletscher mit konstantem Querschnitt und Neigungswinkel, bei dem die Stromlinien der Bewegung parallel liegen und sich die Fließgeschwindigkeit zeitlich nicht ändert, erhält man Formeln, die sehr weitgehende Aussagen gestatten. Mit Kenntnis der geometrischen Verteilung der Fließgeschwindigkeit an der Oberfläche und unter Annahme einer im ganzen Gletscher konstanten Zähigkeit läßt sich nicht nur die Geschwindigkeitsverteilung im Inneren des Gletschers, sondern auch die Form des Untergrundes, d. h. seine Dicke berechnen. Da die Fließgeschwindigkeit an der Oberfläche eine sehr leicht zu messende Größe ist, liegt es auf der Hand, welchen Fortschritt die viskose Theorie für unser Verständnis der Gletscherbewegung bedeutet hat.

Die Anwendung der Formeln von Somigliana und Lagally auf Gletscher, deren Dicke z. B. aus Bohrungen oder seismischen Tiefenmessungen bekannt ist, führte jedoch nur zum Teil auf gute Übereinstimmung der berechneten und der beobachteten Werte. Angesichts der einschränkenden Annahmen, die über die äußere Form des Gletschers sowie über die Verteilung der Zähigkeit gemacht werden mußten, hätte eine wesentlich weniger gute Übereinstimmung nicht verwundert. Bei der Lösung der entsprechenden Gleichungen mußte außerdem auch angenommen werden, daß die unterste Schichte des Eises am Felsuntergrund haftet, was nur dann der Fall wäre, wenn es sich tatsächlich um ein zähflüssiges Medium handeln würde. Tatsächlich legen die Form der Gebirgstäler, die Moränen und Gletscherschliffe aber ein beredtes Zeugnis von einer erodierenden Arbeit ab, die nur möglich ist, wenn die Bewegung an der Sohle noch recht beträchtlich ist. Wie bei den großzügigen gletscherkundlichen Untersuchungen in der Schweiz festgestellt worden ist, muß man auch — falls die viskose Theorie aufrechterhalten werden soll —, annehmen, daß die Zähigkeit mit zunehmender Tiefe geringer wird [3].

Man sieht, die Theorie von Somigliana erfüllt ihre Aufgaben nur zum Teil; sie liefert ein zwar zusammenhängendes, aber nur ungefähres Bild vom Ablauf der Gletscherbewegung. Die Möglichkeit einer ungefähren Berechnung der Gletscherdicke aus der Oberflächengeschwindigkeit ist ihr wertvollstes Resultat, aber es gibt eine Reihe von Beobachtungstatsachen, die in ihr keinen Platz finden.

Es ist seit langem bekannt, daß man an der Gletscheroberfläche aktive Scherflächen beobachten kann (manchmal von den charakteristischen Formen der Kragenmoränen begleitet), — eine Erscheinung, die sich nur in einem plastischen Material entwickeln kann.

Die mathematische Behandlung der Gletscherbewegung als plastische Deformation ist erst kürzlich von Nye gegeben worden, womit ein weiterer wesentlicher Fortschritt erzielt worden ist. Diese Theorie stützt sich auf eine Analogie aus dem Gebiet der Metallurgie, und die entsprechenden mathematischen Ansätze konnten mit einigen Änderungen auf die Bewegung der Gletscher angewendet werden und ergeben schließlich ein sehr anschauliches Bild.

Obwohl die Theorie von Nye weitaus mehr physikalische Realität für sich beanspruchen kann als die viskose Theorie, führt auch sie auf Schlüsse, deren Richtigkeit zunächst noch in Frage gestellt erscheint.

Nye betrachtet das Eis als idealen plastischen Körper mit konstanter Fließspannung [4]. Die Bewegung gleicht der eines Blockes, welcher auf einer rauhen, geneigten Unterlage unter der Wirkung der Schwerkraft abwärts gleitet. Die Theorie liefert die Verteilung der Kräfte innerhalb des Blocks (Spannungen) und weiters die Geschwindigkeitsverteilung in vertikaler Richtung. Das Maximum der Fließgeschwindigkeit liegt auch hier an der Oberfläche und das Minimum an der Sohle, nur mit dem Unterschied, daß nun die Bewegung nicht Null wird, sondern einen Wert besitzt, der u. a. von der angenommenen Fließspannung abhängt. Die plastische Theorie wird also in diesem Punkt den natürlichen Verhältnissen weit mehr gerecht als die viskose.

Eine Ableitung der Gletscherdicke aus der Oberflächengeschwindigkeit ist nach den Formeln von Nye allerdings nicht möglich, da hier die Tiefe des Eises eher den Charakter einer Konstanten bzw. einer kritischen Größe hat, die der Gletscher durch Modifikation seiner Bewegung beizubehalten trachtet.

Ohne auf die Ergebnisse der plastischen Theorie, die zweifellos noch gewisser Erweiterungen fähig sein wird, einzugehen, wollen wir uns einem ihrer wichtigsten Punkte zuwenden.

Abbildung 2 zeigt den Verlauf der Trajektorien der maximalen Schubspannung (Gleitlinienfeld), wie sie normalerweise im Ablationsgebiet eines Talgletschers zu erwarten sein werden. Jede Diskontinuität der Bewegung, etwa hervorgerufen durch eine Unregelmäßigkeit im Material, pflanzt sich entlang der beiden Kurvenscharen fort. Da von der Oberfläche mechanische Störungen kaum ausgehen können, hat allein die Kurvenschar A Aussicht, sich in der Natur in Form makroskopischer Scherflächen zeigen zu können. Eine von der Sohle des Gletschers ausgehende Störung, z. B. eine Zone geringer Scherfestigkeit durch eingelagertes Moränenmaterial, pflanzt sich entlang A bis zur Oberfläche fort. Damit ist die Kontinuität der Bewegung an dieser Stelle unterbrochen, und es entsteht eine Scherfläche, die so lange aktiv sein kann, als das Spannungsfeld in wenigstens ungefähr der gleichen Richtung verbleibt. Nicht selten bilden sich Überkragungen, wie in Abbildung 2 angedeutet. Scherflächen dieser Art finden durch die plastische Theorie eine vollständige Erklärung.

Die Gleitlinienschar B hat viel weniger Aussicht, sich makroskopisch in der Natur auszubilden, da sie die Gletschersohle rechtwinkelig schneidet und eine nennenswerte Relativbewegung in dieser Richtung zur Bildung von Hohlräumen an der Sohle führen müßte, was man sich nur schwer vorstellen kann.

Es erscheint jedoch bemerkenswert, daß trotzdem auch eine der Gleitlinienschar B entsprechende Erscheinung im Gletscher gefunden werden konnte.

Wenn, wie früher erwähnt, das Eis als Gestein zu betrachten ist, muß es auch möglich sein, die Forschungsmethoden der Petrographie und insbesondere der Gefügekunde in modifizierter Form anzuwenden. Diese von Sander schon vor langem vorgeschlagene Arbeitsmethode wurde durch Perutz und Seligman, Bader, Rigsby u. a. [8, 5, 1, 7] in die Glaziologie eingeführt. Es handelt sich dabei darum, aus der räumlichen Lage der optischen Achsen der einzelnen Eiskristalle (Gletscherkörner) auf die Deformation zu schließen, welche der ganze Körper durchgemacht hat. Man nimmt dabei allgemein an, daß der optischen Achse insofern auch eine mechanische Bedeutung zukommt, als der Kristall parallel zu dieser seine größte und senkrecht seine geringste Scherfestigkeit besitzt. Beim Vorgang der Deformation kommt es zu Regelungen der Kristallachsen, d. h.

statistisch gesehen zu Häufungen bestimmter Richtungen, die mit der Richtung der Deformation in Zusammenhang stehen.

In der Praxis müssen dazu dem Gletschereis räumlich orientierte Proben entnommen und zu Dünnschliffen (1—2 mm) verarbeitet werden. Hierauf werden mittels polarisiertem Licht und eines Universal-Drehtisches nach den Regeln der Kristalloptik die Achsenlagen der einzelnen Kristallschnitte bestimmt. Die Untersuchungstechnik ist einigermaßen mühsam, da jeweils mindestens einige hundert Kornachsen gemessen werden müssen, damit Aussagen über ihre Richtungsverteilung gemacht werden können.

In den Jahren 1952 und 1953 wurden auf der Pasterze derartige Untersuchungen durchgeführt [9]. Eines ihrer wesentlichsten Ergebnisse besteht in der Auffindung der von der plastischen Theorie geforderten Scherflächenschar B bzw. eines Gefügebildes mit zwei Maxima der Achsenrichtungen, die im Sinne von Nye gedeutet werden können.

Tatsächlich finden sich in der Natur aber nicht nur die in Abbildung 2 wiedergegebenen Gleitlinien, sondern noch zwei oder drei weitere Flächenscharen, deren physikalische Bedeutung problematisch ist.

Die plastische Theorie behandelt zunächst das Problem nur zweidimensional, in einer lotrechten Fläche in der Mitte des Gletschers parallel zu seiner Hauptachse, und erhält Gleitlinien entsprechend Abbildung 2. Anderseits wird das Eis aber auch oft eine seitliche Pressung erleiden, quer zur Fließrichtung, z. B. bei Verengungen des Talquerschnitts. Die zugehörigen Gleitlinien würden sich in der Mitte des Gletschers unter einem Winkel von 90° schneiden, ihre Richtung würde 45° von der Fließrichtung abweichen. Andeutungen für solche Scherflächen konnten gefunden werden.

Bedenkt man nun noch, daß jede Unregelmäßigkeit des Gletscherbettes, Geländestufen, Ein- oder Ausbuchtungen des Randes usw. im Gletscher ein ihnen entsprechendes Spannungsfeld erzeugen, das sich, von Ort zu Ort wechselnd, dem „normalen“ Spannungsfeld überlagert, dann sieht man ein, daß es im Einzelfall oft unmöglich ist, zwischen einer zufälligen Lokalerscheinung und den allgemeinen Zügen zu unterscheiden.

Der Endzweck der Untersuchungen über Scherflächen und „Bänder“ aller Art ist es, ihre Rolle in der Gesamtbewegung des Gletschers zu verstehen. Wenn wir zum Beispiel in der Lage wären, den Unterschied in der jährlichen Bewegung zwischen zwei Punkten der Gletscheroberfläche auf Differentialbewegung bestimmten Ausmaßes an einer bestimmten Anzahl von Scherflächen zurückzuführen, dann wäre damit wohl endgültig der plastischen Theorie der Vorzug zu geben. Zur Klärung dieser Fragen kann die gefügekundliche Arbeitsweise zweifellos wesentlich beitragen. Anderseits wird es aber auch notwendig sein, in größerem Umfang als bisher [9] die makroskopisch sichtbaren Scherflächen und Bänder kartenmäßig zu erfassen und zu deuten. Auch die tatsächliche Messung von Differentialbewegungen im Gletschereis mit Hilfe geeigneter Methoden würde wertvolle Resultate liefern.

Aus den vorstehenden Ausführungen haben wir gesehen, daß man die Bewegung der Gletscher sowohl mit der Verformung eines viskosen als auch der eines plastischen Materials vergleichen kann. Keine der beiden Theorien ist derzeit in der Lage, diesen Naturvorgang vollständig zu beschreiben, und es ist derzeit wohl unvermeidlich, diesbezüglich die Betrachtungsweise den jeweiligen Bedürfnissen anzupassen. Wir müssen dabei immer im Auge behalten, daß die Bezeichnungen viskos oder plastisch mathematische Vereinfachungen darstellen, die nur teilweise physikalisch reell sind.

Das Eis der außerpolaren Gletscher befindet sich stets auf der zu dem jeweiligen Druck gehörigen Schmelztemperatur. Die Kapillaren zwischen den einzelnen Körnern sind von Druckschmelzwasser erfüllt und das ganze Kristallagglomerat ist in einem Zustand, in welchem jede Erhöhung oder Verringerung des Druckes zum Schmelzen oder Gefrieren einer gewissen Eismenge führt. Man kann nicht annehmen, daß in einem Material, das so leicht rekristallisiert (regeliert), die Begriffe „viskos" oder „plastisch" in ihrer ersten strengen Bedeutung mit einem größeren als dem bisher erzielten Erfolg angewendet werden können.

Laboratoriumsversuche über die Deformation von Eis [z. B. 2] sind neuerdings wieder in Angriff genommen worden und haben bereits einige wertvolle Resultate geliefert.

Das Problem der Gletscherbewegung ist nicht nur für den Naturwissenschaftler und Techniker interessant, sondern es hat auch insofern große Bedeutung, als die aktuelle Frage des Rückganges oder Vorstoßens der Gletscher eng mit dem Mechanismus ihrer Bewegung zusammenhängt.

Literatur

[1] H. Bader, Introduction to Ice Petrofabrics. Journ. Geol. *59*, 6 (1951).
[2] J. Glen, Experiments on the Deformation of Ice. Journ. Glaciol. *2*, 111 (1952).
[3] R. Haefeli u. P. Kasser, Geschwindigkeitsverhältnisse und Verformungen in einem Eisstollen des Zmuttgletschers. UGGI, Ass. Générale de Bruxelles 1951, *1*, 222 (1952).
[4] J. F. Nye, The Mechanics of Glacier Flow. Journ. Glaciol. *2*, 12 (1952).
[5] F. M. Perutz u. G. Seligman, A Crystallographic Investigation of Glacier Structure and the Mechanism of Glacier Flow. Proc. Roy. Soc. A, *172*, 950 (1939).
[6] V. Paschinger, Pasterzenstudien. Carinthia II, XI. Sonderheft (1948).
[7] G. P. Rigsby, Crystal Fabric Studies on Emmons Glacier, Mt. Rainier, Washington. Journ. Geol. *59*, 6 (1951).
[8] B. Sander, Glazialgeologie und Gefügekunde. Z. f. Gletscherk., *XXII* (1935).
[9] W. Schwarzacher u. N. Untersteiner, Zum Problem der Bänderung des Gletschereises. Sitzber. Akad. Wiss. Wien, Abt. II a, *162* (1953).

Die Eisstände einiger Sonnblick- und Glocknergletscher im Spätsommer 1952 und 1953

Von Hanns Tollner, Salzburg

Im Sonnblick- und Glocknergebiet verlief der Sommer 1952 glazialklimatisch recht ungünstig. Während im Firnfeldniveau nur sehr bescheidene Firnrücklagen die sommerliche Ablationszeit überdauerten (in der Fleißscharte lediglich 10 cm), wichen die Gletscherzungen von 1951 auf 1952 vielfach sehr beträchtlich zurück (vgl. Tab. 1). Neuschneelagen in größeren Höhen des Gebirges ließen Ende August bis Mitte September 1952 die Jahresfirngrenzen nicht einwandfrei erkennen. Die Firnflächen zeigten sich ungewöhnlich spaltenreich, was besonders am Kleinen Fleißkees auffiel.

Im Spätsommer 1953 boten die Gletscher der Sonnblick- und der Glocknergruppe ein völlig anderes Bild als ein Jahr vorher. Die Firnfelder erwiesen sich als relativ spaltenarm und besaßen bis auf Lagen von 2800 m herab Firnrückstände von 30 bis 250 cm Mächtigkeit. Die Anstiegsroute von der Pilatusscharte auf den Sonnblickgipfel kreuzte 1952 17 Spalten und 1953 nur mehr eine einzige. Sowohl in der Sonnblick- als auch in der Glocknergruppe nahm die Zahl der Altschneefelder beträchtlich zu. Ältere Schneefelder dehnten sich deutlich nachweisbar aus. Die Vermehrung und das Wachsen der Schneefelder ließen sich am auffälligsten im Raum des ehemaligen Neunerkeeses im Sonnblickgebiet feststellen. Die drei Eisschilde des Neunerrestkeeses erschienen 1953 etwas größer als 1952. Im Vorland des Großen Goldbergkeeses schmolz 1953 ein großes Schneefeld nicht mehr ab.

Die Firngrenzen befanden sich in der Sonnblick-Glockner-Gruppe im September 1953 meist zwischen 2700 und 2900 m, auf dem Karlingerkees in der Glocknergruppe und im Bereich des Stubacher Sonnblicks (Ostseite) stellenweise auch noch wesentlich tiefer.

Der Rückgang der Gletscherzungen hatte sich 1953 gegenüber 1952 bedeutend verlangsamt. Eine Marke des Großen Goldbergkeeses und das Kleine Sonnblickkees deuteten schwache Vorstoßtendenzen an. Schon mehrere Jahre vorher konnte die gleiche Erscheinung, stationäre Zustände oder geringes Vorrücken kleinerer Gletscher mit hochgelegenen Zungenenden, beobachtet werden.

Tabelle 1. Verhalten der Zungenenden von Sonnblick- und Glocknergletschern vom Spätsommer 1951 bis zum Spätsommer 1953 nach einzelnen Marken und geodätischen Messungen. (Die Zungenmarken sind durch Buchstaben oder römische Ziffern bezeichnet.)

Großes Goldbergkees	A	1951/52	4,7 m	Rückgang
		1952/53	1,0 m	Vorstoß
	B	1951/52	5,1 m	Rückgang
		1952/53	3,2 m	„
	C	1951/52	6,7 m	„
		1952/53	4,4 m	„
	C_2	1951/52	10,3 m	„
		1952/53	3,1 m	„
Meßpunkt	22	1952/53	1,8 m	Vorstoß
Kleines Sonnblickkees	B	1951/53	3,3 m	„
Kleines Fleißkees	A	1951/53	32,1 m	Rückgang
	B	1951/53	29,2 m	„
Wurtenkees	A	1951/53	22,4 m	„
	B	1951/53	18,0 m	„
Karlingerkees		1951/52	15—30 m	„
		1952/53	10—25 m	„
Klockerinkees	I	1951/52	4,2 m	„
		1952/53	16,7 m	„
	II	1951/52	2,3 m	„
Schmiedingerkees	I	1951/52	10,9 m	„
		1952/53	13,5 m	„
	II	1951/52	12,5 m	„
		1952/53	8,2 m	„

Im Spätsommer 1953 besaßen die Firnauflagen auf den einzelnen Gletschern der Sonnblick- und der Glocknergruppe eine sehr verschiedene Mächtigkeit. Auf dem Schmiedingerkees blieb die Firnoberfläche in den zentralen Teilen des Firnfeldes größerer Höhe gegenüber dem Vorjahr ziemlich konstant, in tieferen Teilen nahm sie beträchtlich ab. An den Firnfeldrändern sank die Oberfläche innerhalb eines Jahres bis 1,8 m ein. Das derzeitige Firnfeldniveau befindet sich örtlich in den randlichen Teilen dieses Gletschers bereits bis zu 5 m unter jenem des abnorm ungünstigen Spätsommers 1947. Auf dem Karlingerkees hingegen schwoll die Firndecke kräftig an. Unterhalb der Rifflscharte liegt über dem Horizont des Jahres 1947 eine Firnrücklage von rund 8 m. Auf dem Kleinen Fleißkees gerieten 1953 1,2 bis 2,0 m dicke Jahresfirnrücklagen unter die Neuschneeablagerungen der Glazialperiode 1953/54. Auf dem Firnfeld des Großen Goldbergkeeses tauchen die in den letzten Jahren zum Vorschein gekommenen Felsinseln langsam wieder unter (Firnzuwachs seit dem Vorjahr bis zu 1,5 m). Auf dem Großen Goldbergkees beginnt das Firnfeld auch an seinen Rändern ansehnlich zu wachsen.

In den Jahren 1952 und 1953 wurden u. a. auch im Spätsommer an verschiedenen Stellen in Höhenlagen zwischen 2500 und 3000 m Messungen der Schneedichte vorgenommen. Für die Zeit Ende August bis Mitte September 1952 wurde als mittlere Dichte der Jahresfirnrücklagen 0,69 und für die Zeit Ende August bis Mitte September 1953 eine Durchschnittsdichte von 0,67 ermittelt.

Zum Strahlungsklima des Zirbitzkogels

Von Inge Dirmhirn, Wien

Die starke höhenmäßige Gliederung der Alpen macht für die Erfassung des Strahlungsklimas die Messung bzw. Registrierung der verschiedenen Strahlungskomponenten in möglichst vielen Höhenstufen nötig. Gerade aus größeren Seehöhen liegen bisher nur wenige Angaben vor, aus der Höhenstufe zwischen 2000 und 3000 m in Österreich vorläufig noch gar keine. Meist liegen überdies die Stützpunkte in Tälern oder an Berghängen und sind daher für die ungestörte Einstrahlung nicht repräsentativ.

Der Gipfel des Zirbitzkogels (14° 34′ E, 47° 04′ N), 2397 m, hat als höchste Erhebung der Seetaler Alpen völlig freien Horizont. Das Schutzhaus und die meteorologischen Instrumente (Thermometerhütte, Regenmesser und Aktinograph) sind etwas unter dem Gipfel auf dem flach abfallenden NE-Hang aufgestellt. Dadurch entsteht am Aufstellungspunkt im Dezember und Anfang Jänner im Laufe des Nachmittags eine geringe Verkürzung der Sonnenscheindauer.

Im Juli 1951 wurde zur Registrierung der Sonnen- und Himmelsstrahlung (Globalstrahlung) auf dem Zirbitzkogel ein Bimetall-Aktinograph nach Robitzsch aufgestellt. Zur Messung der Himmelsstrahlung allein und zur laufenden Überprüfung der Aktinographenregistrierung an Ort und Stelle diente ein selbstgebautes Sternpyranometer in Verbindung mit einem Galvanometer der Fa. Norma, mit dem eine Empfindlichkeit von 0,031 cal/cm² min pro Skalenteil erzielt wurde. Besonders hohe Intensitäten der Sonnen- und Himmelsstrahlung wurden durch Einschalten eines Vorschaltwiderstandes, der die Empfindlichkeit auf 0,059 cal/cm² min pro Skalenteil herabsetzte, erfaßt.

Der Beobachter des Zirbitzkogels, Herr Hannes Riegel, hat ein Jahr lang unter bisweilen recht ungünstigen Bedingungen neben den Registrierungen Messungen der Himmels- und Globalstrahlung ausgeführt. Denn der Zirbitzkogel ist durch seinen Reichtum an Stürmen bekannt. Hievon zeugt eine trockene Notiz am Rande des 4. Dezember 1951: „Windstärke 8. Bei größeren Windstärken als 6 Beaufort sind die Messungen am Gerät nicht möglich oder sehr ungenau. H. R.“ Ich möchte es nicht versäumen, Herrn Hannes Riegel an dieser Stelle für seine Arbeit vielmals zu danken. Die Aufstellung und Überprüfung des Robitzsch-Aktinographen sowie der Anschluß und Vergleich des Sternpyranometers nebst Ergänzungsmessungen konnten durch eine Subvention des Sonnblick-Vereines ermöglicht werden, wofür dem Verein hiemit herzlichst gedankt sei.

Der Bimetall-Aktinograph wurde vor seinem Einsatz an der Zentralanstalt für Meteorologie in Wien ein halbes Jahr lang sorgfältig überprüft und geeicht. Im Laufe des Winters und Frühlings 1952 machte sich, wie Vergleiche mit den Messungen des Sternpyranometers an wolkenlosen Tagen ergaben, eine Veränderung der Empfindlichkeit des Gerätes bemerkbar. Die vor Aufstellung des Schreibers bestimmten Konstanten stiegen in dieser Zeit um etwa 5%, im Maximum um 8% an. Eine weitere Verringerung der Empfindlichkeit stellte sich im letzten Jahre zu derselben Jahreszeit ein. In der folgenden Bearbeitung der bisher vorliegenden Registrierungen von Juli 1951 bis September 1953 wird diese Empfindlichkeitsveränderung berücksichtigt.

Ergebnisse der Messungen und Registrierungen

a) Wolkenloser Himmel

Die Tagessummen der Sonnen- und Himmelsstrahlung bei wolkenlosem Himmel wurden sowohl aus den Registrierungen mit dem Bimetall-Aktinographen als auch aus Messungen mit dem Sternpyranometer bestimmt. Zur Ergänzung wurden auch Tage verwendet, an denen mindestens bis zum oder vom Mittag an wolkenloses Wetter herrschte. Der doppelte Wert der für die ungestörte Tageshälfte gebildeten Summe wurde als „Tagessumme“ behandelt. Die Punkte streuen im Jahresgang nur wenig um eine Mittelkurve. In Abb. 1 ist u. a. die geglättete Mittelkurve dargestellt. Die aus ihr abgelesenen Monatsmittelwerte der Globalsrahlung bei wolkenlosem Himmel finden sich in Tabelle 1.

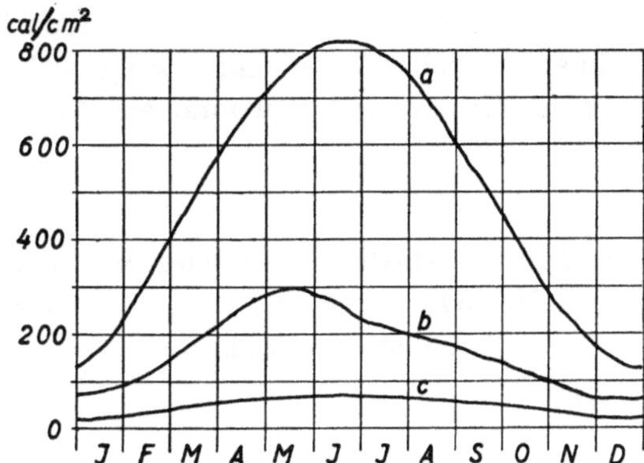

Abb. 1. Jahresgang der Tagessummen der Strahlungskomponenten auf dem Zirbitzkogel. a) Sonnen- und Himmelsstrahlung bei wolkenlosem Himmel, b) Strahlung bei bedecktem Himmel, c) Himmelsstrahlung bei wolkenlosem Himmel.

Tabelle 1. Tagessummen der Globalstrahlung bei wolkenlosem Himmel auf dem Zirbitzkogel und zum Vergleich für die Höhe 2400 m aus [1] und [2] interpoliert. Angaben in cal/cm².

	J.	F.	M.	A.	M.	J.	J.	A.	S.	O.	N.	D.
Zirbitzkogel	160	313	484	647	762	815	792	676	528	368	227	132
2400 m	194	315	474	643	760	813	788	688	540	374	235	168

Es wäre wünschenswert, die so ermittelten Ergebnisse anderen, bereits früher gewonnenen gegenüberzustellen. Da direkte Messungen für diese Seehöhe nicht vorhanden sind, sei auf zwei Arbeiten zurückgegriffen, in denen für die Sonnen- [1] und Himmelsstrahlung [2] eine Abhängigkeit von der Seehöhe hergeleitet wurde. Interpoliert man die Tagessummen für die Höhenstufe von 2400 m und addiert die beiden Strahlungskomponenten zur Bildung der Globalstrahlung, so ergeben sich die in Tabelle 1, Zeile 2, angegebenen Werte. Eine nennenswerte Abweichung der für den Zirbitzkogel gewonnenen Tagessummen ist nur im Winter durch die Verkürzung der Sonnenscheindauer in der zweiten Tageshälfte vorhanden. Dadurch entsteht ein Verlust von etwa 20% der Strahlungssumme. Um auch in diesem Falle das Ergebnis vom Zirbitzkogel überprüfen zu können, wurde zur Ausschaltung der Horizontabschirmung die Vormittags-Halbtagssumme in oben beschriebener Weise verdoppelt und dem Wert in Tabelle 1, zweite Zeile, für Dezember gegenübergestellt. Hier zeigt sich eine Abweichung von —6%, die jedoch witterungsbedingt sein kann.

Die Tagessummen der Himmelsstrahlung an wolkenlosen Tagen wurden aus den Messungen mit dem Sternpyranometer ermittelt. Die an solchen Tagen gewonnenen Werte wurden zu Tagesgängen verbunden und die Tagessumme gebildet. Insgesamt standen für diese Bestimmung zwölf größtenteils ganze Tage zur Verfügung. Sie wurden gruppenweise zusammengefaßt und auf die Monatsmitte reduziert. Da die wolkenlosen Tage nicht gleichmäßig über das ganze Jahr verteilt waren, konnten auf diese Weise nur sieben Monatsmittel der Himmelsstrahlung bei wolkenlosem Himmel gebildet werden. Es sei erwähnt, daß diese Methode nur in ganz speziellen Ausnahmefällen angewandt werden darf. Der Verlauf der Himmelsstrahlungssummen bei wolkenlosem Himmel im Hochgebirge an Tagen, an denen außerdem sehr große Sichtweite (über 200 km) vorhanden ist, unterliegt nur ganz geringen Schwankungen, so daß jeder Einzelwert für den bestimmten Zeitpunkt repräsentativ ist. Dies zeigt sich auch deutlich, wenn man die so gewonnenen Tagesmittel den aus [2] für die Seehöhe von 2400 m interpolierten Werten gegenüberstellt (Tab. 2). Eine deutliche Abweichung zeigt sich nur für den Oktober. Ansonsten stützen die auf dem Zirbitzkogel gewonnenen Werte durchaus die aus [2] interpolierten.

Tabelle 2. Tagessummen der Himmelsstrahlung bei wolkenlosem Himmel auf dem Zirbitzkogel und für die Seehöhe von 2400 m aus [2] interpoliert. Angaben in cal/cm².

	J.	F.	M.	A.	M.	J.	J.	A.	S.	O.	N.	D.
Zirbitzkogel	22			52	60		62			49	22	22
2400 m	23	31	43	54	62	66	64	57	46	36	26	20

b) Bedeckter Himmel

Nicht so einfach ist die Bestimmung einer Mittelkurve für die Tagessummen an völlig bedeckten Tagen. Es gibt Tage, an denen dichte Schlechtwetterwolken, die in mehreren Schichten über dem Beobachtungspunkt liegen, nur einen Bruchteil der Einstrahlung hindurchlassen. Demgegenüber stehen Tage, an denen einschichtige Wolkendecken oder gar nur eine Wolkenhaube um den Gipfel mehr als 50% der Tagessumme an wolkenlosen Tagen an den Beobachtungsort gelangen lassen. Als bedeckte Tage wurden alle jene gewertet, an denen der Sonnenscheinautograph keine Brennspur hinterließ. Mitunter kommen nach dieser Methode auch Tage zur Verarbeitung, an denen zwar Sonnenschein vorhanden war, aber zu schwach ($\odot_2$), um eine Brennspur auf dem Streifen zu hinterlassen. Aus diesen Gründen ist die Variationsbreite der Tagessummen der Einstrahlung an bedeckten Tagen im Jahresablauf ziemlich groß.

Die Abbildung 1 zeigt auch den mittleren Verlauf der Tagessummen der Strahlung an bedeckten Tagen. Deutlich ist an dieser Kurve die Asymmetrie zu beobachten, die sich schon für andere Bergstationen [2] gezeigt hat. Das Maximum findet sich vor Ende Mai, dann erfolgt ein stärkerer Abfall. Die relativ hohen Summen in den Monaten vor Juni sind größtenteils auf die Wirkung der Schneelage zurückzuführen, die sowohl direkt, durch Reflexion vom höher gelegenen Hang, als auch indirekt, durch mehrfache Reflexion zwischen Schneedecke und Wolkenuntergrenze strahlungsvermehrend wirkt. Der deutliche Abfall erfolgt etwas früher als auf dem Sonnblick, entsprechend der früheren Schneeschmelze auf dem um 700 m niedrigeren Zirbitzkogel (Abb. 2).

Vergleicht man die mittleren monatlichen Tagessummen sonnenloser Tage abermals mit den für die Höhenlage von 2400 m aus [2] interpolierten (Tab. 3), so findet man, daß die Werte für den Zirbitzkogel durchwegs niedriger liegen. Es könnte hiefür mehrere Ursachen geben: Besonders bei Niederschlag in fester Form, Rauhreif und Vereisung,

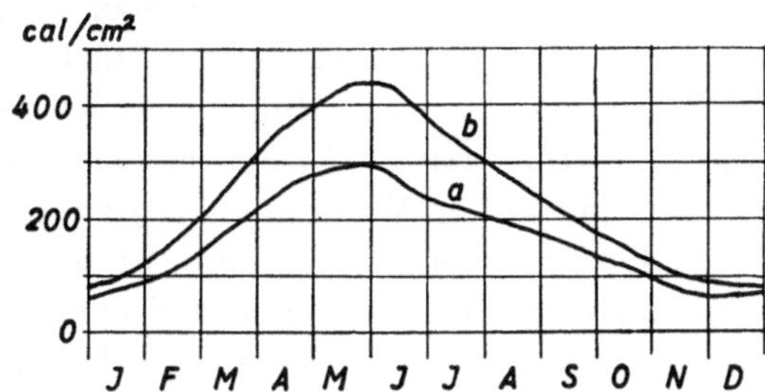

Abb. 2. Jahresgang der Tagessummen der Strahlung bei bedecktem Himmel auf dem Zirbitzkogel (a) und auf dem Hohen Sonnblick (b).

Tabelle 3. Tagessummen der Strahlung bei bedecktem Himmel in cal/cm² auf dem Zirbitzkogel und zum Vergleich für die Höhe 2400 m aus [2] α-Werte für den Zirbitzkogel.

	J.	F.	M.	A.	M.	J.	J.	A.	S.	O.	N.	D.
Zirbitzkogel	68	121	182	253	288	269	218	186	151	117	77	46
2400 m....	84	136	209	282	348	337	283	224	172	129	78	62
α.........	0,42	0,39	0,38	0,39	0,38	0,33	0,28	0,28	0,29	0,32	0,34	0,35

kann die Glasglocke auch bei sorgfältigster Betreuung nicht dauernd rein gehalten werden, was eine niedrigere Strahlungssumme vortäuscht. Trifft dieser Umstand zu, so müßten die Tagessummen besonders im Winter gering sein. Die größten Abweichungen finden sich jedoch im Sommer, zu einer Zeit, wo Schneefall selten ist. Es wäre auch möglich, daß örtliche Bewölkungseigenheiten an den niedrigen Intensitäten bei bedecktem Himmel die Schuld tragen. Hierüber eine sichere Aussage zu machen ist jedoch die Zeitdauer der Registrierung noch zu kurz. Eine weitere Möglichkeit wäre, daß der Apparat für diffuse Himmelsstrahlung weniger empfindlich ist, was jedoch aus unseren Vergleichen mit dem Sternpyranographen an der Zentralanstalt in Wien nicht hervorging. Daß eine Veränderung in dieser Richtung parallel mit der Konstantenänderung vor sich gegangen sein könnte, ist wenig wahrscheinlich. Es ist durchaus auch möglich, daß die Werte aus [2] noch einer Korrektur bedürfen, doch müßten für eine derartige Entscheidung noch mehrere abweichende Resultate von anderen Orten vorliegen, da jene Mittelwerte aus Angaben von einer Reihe von Stationen in den verschiedensten Seehöhen und Klimagebieten gewonnen wurden. Voraussichtlich werden für das Zustandekommen der niedrigen Tagessummen der Strahlung bei bedecktem Himmel auf dem Zirbitzkogel wohl lokale Bewölkungseigenheiten verantwortlich zu machen sein. Immerhin sollen die abweichenden Ergebnisse vom Zirbitzkogel nicht übersehen werden, sondern den Anlaß zu intensiveren Untersuchungen der Strahlung in größeren Seehöhen geben.

Ein gewisses Maß für die Bewölkungseigenheiten an einem Ort bildet das Verhältnis der Tagessumme der Globalstrahlung bei bedecktem Himmel zu jener bei wolkenlosem Himmel (α). Während für Mittel- und Nordeuropa in der Niederung einheitlich der Wert 0,23 gefunden wurde, konnten in größeren Seehöhen mitunter beträchtlich höhere α beobachtet werden. Da in diese Werte die Strahlung bei bedecktem Himmel eingeht, fallen hier wie dort sowohl die für die Höhenlage niedrigen Verhältniszahlen wie auch die Asymmetrie im Jahresverlauf auf (Tab. 3).

c) Tage mit wechselnder Bewölkung

Die Himmelsstrahlung bei wolkenlosem und bei bedecktem Himmel bildet die beiden Stützpunkte für die Ermittlung der Himmelsstrahlung bei wechselndem Bewölkungsgrad. Für Stationen in der Niederung zeigte sich hiebei ein langsamer Anstieg von wolkenlos bis etwa $^6/_{10}$—$^7/_{10}$ Bewölkung und darauf ein stärkerer Abfall auf ungefähr wieder denselben Wert wie bei wolkenlosem Himmel. In größeren Seehöhen (Sonnblick [3]) wurde ein ständiger Anstieg von wolkenlosem bis bedecktem Himmel in den Sommermonaten gefunden, während in den Wintermonaten angenähert die Abhängigkeit vom Bewölkungsgrad wie in der Niederung aufscheint. Da sich in den Zwischenhöhen Übergangsformen zeigten, ist auch mit einer solchen auf dem Zirbitzkogel zu rechnen.

Bis zu einem gewissen Grad kann man die Abhängigkeit der Himmelsstrahlung von der Bewölkung auch in der Globalstrahlung erkennen, da diese aus Sonnen- und Himmelsstrahlung zusammengesetzt ist.

Trägt man die in Prozenten des Wertes bei wolkenlosem Himmel ausgedrückte Tagessumme der Globalstrahlung in Abhängigkeit von der Sonnenscheindauer (ebenfalls in Prozenten der orographisch möglichen) auf und zieht durch die Punktwolke eine Mittelkurve, so zeigen sich für die Winter- und Sommermonate die in Abbildung 3 gezeigten Formen. Deutlich ist der nahezu gerade Verlauf der Kurve im Sommer, der gekrümmte im Winter.

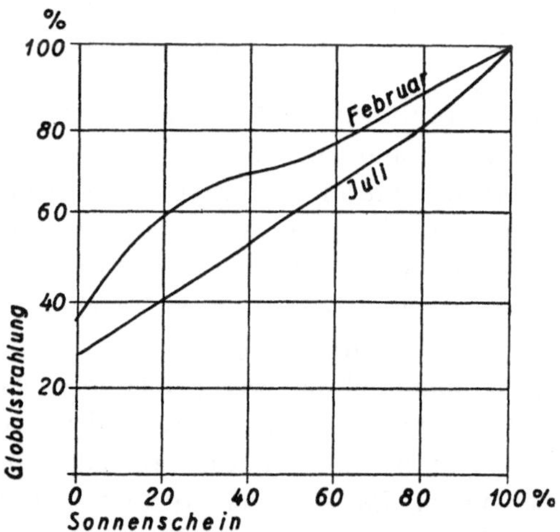

Abb. 3. Mittlerer Verlauf der Globalstrahlung bei wechselndem Bewölkungsgrad. a) typischer Verlauf für die Sommermonate (Juli), b) typischer Verlauf für die Wintermonate (Februar).

Nimmt man an, daß die Sonnenstrahlung für diese Höhenstufe im wesentlichen einen geraden Anstieg mit der Sonnenscheindauer aufweist, so kann man die Sonnenstrahlung in der Abbildung 3 durch eine Gerade 0 bis zu dem um die Himmelsstrahlung bei wolkenlosem Himmel verminderten Betrag der Globalstrahlung bei 100% Sonnenscheindauer einzeichnen. Durch Abzug der auf diese Weise angenommenen Sonnenstrahlung von der Globalstrahlung ergibt sich nun die Himmelsstrahlung. Hiebei findet man tatsächlich im Sommer einen mehr geradlinigen Verlauf, im Winter einen gekrümmten, wie er für die Himmelsstrahlung in dieser Höhenlage erwartet wude.

Wohl streuen die Tageswerte bei verschiedenem Bewölkungsgrad um die Mittelkurve, doch wirkt die Summierung bei der Bildung des Tageswertes stark ausgleichend, so daß der jeweilige Verlauf der Mittelkurve gut zu erkennen ist. Weitaus größer sind die Streuungen, wenn mit dem wenig trägen Sternpyranometer gemessen wird und

Momentanintensitäten betrachtet werden. Die Minimalwerte wurden im Sommer bei nässendem Nebel und bei Regen beobachtet. Hiebei wurden um Mittag Intensitäten von 0,1 cal/cm² min erreicht und unterschritten. Die Maxima der Globalstrahlungsintensität können mitunter sehr hoch liegen. Bei höheren Bewölkungsgraden und besonderen Stellungen der Wolken gegenüber der Sonne steigt die Himmelsstrahlung stark an. Wenn in diesen Fällen die Sonne durch eine Wolkenlücke scheint, die Wirkung der Sonnenstrahlung also voll zur Geltung kommt, können dabei Intensitäten der Globalstrahlung von nahezu dem Wert der Solarkonstanten erreicht werden. In Einzelfällen wurde kurzzeitig die Solarkonstante sogar überschritten. Die Zeitdauer, in der diese enorme Strahlungsintensität wirksam ist, ist jedoch nur ganz kurz und der Effekt kommt nur dann zustande, wenn neben der vollen Sonnenstrahlung und der hohen Himmelsstrahlung der höheren Bedeckungsgrade auch noch direkte Reflexionen an den blendend weißen Wolkenrändern um die Sonne eine Art Brennglaswirkung für den Meßplatz hervorrufen. Tabelle 4 bringt eine Zusammenstellung der im Laufe zweier Sommer während fallweiser Messungen gefundenen Höchstwerte der Globalstrahlung.

Tabelle 4. Maximalintensitäten der Globalstrahlung auf dem Zirbitzkogel in cal/cm²min mit Angabe der Zeit, der Bewölkungsart und -menge und des Sonnenscheins.

Datum	Zeit	Bewölkung	Sonne	Globalstrahlung
8. VII. 1951	10^{30}	$^7/_{10}$ Cu	$\odot_4$	1,840
9. VII. 1951	12^{30}	$^8/_{10}$ Cb	$\odot_4$	1,890
18. IV. 1952	12^{05}	$^7/_{10}$ Cb	$\odot_4$	1,805
6. V. 1952	11^{15}	$^7/_{10}$ Cu + $^1/_{10}$ Ci	$\odot_4$	1,875
8. V. 1952	12^{10}	$^8/_{10}$ Cu	$\odot_4$	1,760

Tabelle 5. Monatssummen der Globalstrahlung auf dem Zirbitzkogel für den Registrierzeitraum in cal/cm².

	J.	F.	M.	A.	M.	J.	J.	A.	S.	O.	N.	D.
1951								13.359	8169	6556	2340	2810
1952	3380	5568	9.821	10.267	12.907	13.885	13.101	13.985		5463	2693	1920
1953	3517	6080	12.496	10.464	13.025	11.023	12.704	12.807				

Abschließend werden in Tabelle 5 die mittleren monatlichen Tagessummen für die Dauer der Registrierung (August 1951 bis August 1953) angegeben. Relativ hohe Mittelwerte finden sich besonders im Mai und August. Das Maximum wurde im Juni 1952 erreicht.

Literatur

[1] F. Steinhauser, Die Zunahme der Intensität der direkten Sonnenstrahlung mit der Höhe im Alpengebiet und die Verteilung der Trübung in den untersten Luftschichten. Meteorol. Z. *56*, 172 (1939).

[2] I. Dirmhirn, Untersuchungen der Himmelsstrahlung in den Ostalpen mit besonderer Berücksichtigung ihrer Höhenabhängigkeit. Archiv f. Met., Geophys. u. Biokl., Ser. B, Bd. II, 301 (1951).

[3] F. Sauberer u. I. Dirmhirn, Der Strahlungshaushalt horizontaler Gletscherflächen auf dem Hohen Sonnblick. Geogr. Ann. 261 (1952).

Klimatabelle für den Sonnblick (3106 m) 1901—1950

Von F. Steinhauser, Wien

Nach Ablauf der ersten 50jährigen Beobachtungsreihe hatte ich in der Monographie über die Meteorologie des Sonnblicks das Beobachtungsmaterial der Jahre 1887—1936 verarbeitet und auch die Mittelwerte dieser Periode berechnet. Diese sind auch in einer Klimatabelle in der Zeitschrift des Deutschen Alpenvereins, Jahrgang 1940, zusammengestellt. In der Meteorologie des Sonnblicks waren auch die Mittelwerte für den von der internationalen meteorologischen Organisation als „Normalperiode" empfohlenen Zeitabschnitt 1901—1930 veröffentlicht worden. Inzwischen hat sich gezeigt, daß diese „Normalperiode" in verschiedener Hinsicht sozusagen aus der Reihe fällt und für langjährige Mittelwerte eben nicht sehr repräsentativ ist. Die Verlängerung der Beobachtungsreihe um weitere zwei Jahrzehnte hat wieder Zeitabschnitte mit recht abnormalen Witterungsverhältnissen gebracht, so daß es zweckmäßig ist, diese in die Normalperiode einzuschließen und als neue Normalperiode den Zeitabschnitt 1901—1950 einzuführen. In der nachfolgenden Klimatabelle sind die wichtigsten Mittel- und Extremwerte zusammengestellt, die für die Charakterisierung des jährlichen Witterungsverlaufes und für die Bewertung der Abweichungsmöglichkeit von diesen Mittelwerten in den einzelnen Monaten bzw. Jahren von Bedeutung sind. Es soll hier überdies auch noch auf die Abweichungen dieser Werte von denen der Perioden 1887—1936 und 1901—1930 und besonders auch auf die neu hinzugekommenen Rekordwerte hingewiesen werden. Im allgemeinen sind natürlich auch durch die Mittelwerte der früheren Perioden die wesentlichen Merkmale der Jahresgänge der einzelnen meteorologischen Elemente gegeben. Zur strengen Vergleichbarkeit mit anderen Stationen ist aber die Bezugnahme auf eine einheitliche Periode, die in Zukunft der Abschnitt 1901—1950 sein wird, notwendig, und es ist außerdem auch interessant, festzustellen, wie große Abweichungen und welche Rekorde in neuerer Zeit aufgetreten sind.

Im Luftdruckgang ist bemerkenswert, daß die Jahresschwankung im Mittel der ersten Hälfte unseres Jahrhunderts gegenüber den beiden anderen Perioden größer geworden ist. Die Mittelwerte vom Winter sind niedriger und die von Frühling und Sommer höher geworden, während die Herbstmittel sich nicht viel geändert haben. Die größten Änderungen sind im Frühling eingetreten, wie nachfolgende Zusammenstellung der Abweichung zeigt. Sie betrugen im

	Winter	Frühling	Sommer	Herbst	Jahr
gegen die Periode 1887—1936	—0,14	0,57	0,21	0,10	0,19 mm
gegen die Periode 1901—1930	—0,30	0,25	0,15	0,00	0,04 mm

Die höchsten Luftdruckwerte der ersten 50jährigen Beobachtungsreihe des Sonnblicks wurden in den Jahren seit 1936 im Februar und im April noch übertroffen; dagegen wurde in dieser Zeit im Oktober der frühere niedrigste Luftdruckwert noch unterschritten.

Im Temperaturgang sind Frühling und Sommer gegenüber den beiden früheren Perioden um 0,2 bis 0,3° wärmer geworden. Auch die Herbsttemperatur ist um 0,1 bzw. 0,3° gestiegen, während sich die Wintertemperatur, trotz der in der Niederung sehr kalten Kriegswinter, kaum geändert hat. Im allgemeinen sind die Mitteltemperaturen von November, Dezember und Jänner schwach zurückgegangen, während schon der Februar wärmer geworden ist. Die früheren Höchsttemperaturen wurden in den letzten 15 Jahren im Februar, April, Mai, August, September, Oktober und Dezember noch überschritten. Die früheren Tiefsttemperaturen wurden im Februar, Juli und August noch unterschritten, während die in den Monaten März, Juli, September und Oktober im vorigen Jahrhundert vorgekommenen Tiefsttemperaturen in unserem Jahrhundert nicht mehr erreicht worden sind.

Die relative Feuchtigkeit ist in den Monatsmitteln in der neuen 50jährigen Periode gegenüber der früheren von Februar bis April um je 2% und von Mai bis Oktober um 1% zurückgegangen.

Die Bewölkungsmonatsmittel haben gegenüber der ersten Periode im Spätherbst und in der ersten Winterhälfte um 0,2 bis 0,3 zugenommen. In den übrigen Monaten war die Änderung nicht nennenswert. Das Jahresmittel ist um 0,1 größer geworden. In den Monaten Februar, März, Mai, Juni und Dezember sind die Höchstwerte der monatlichen Bewölkungsmittel der ersten 50jährigen Beobachtungsreihe des Sonnblicks in den Jahren seit 1936 noch übertroffen worden, während bemerkenswerterweise in der zweiten Jahreshälfte in den Monaten August bis November die Höchstwerte der monatlichen Bewölkungsmittel des vorigen Jahrhunderts in unserer Periode nicht mehr erreicht worden sind.

Im Jahresgang der Sonnenscheindauer steht eine Abnahme der Zahl der durchschnittlichen Sonnenscheinstunden in den Spätherbst- und Wintermonaten mit der Zunahme der Bewölkungsmittel im Einklang. Im Sommer lassen sich die Werte nicht streng vergleichen, da durch eine Aufstellungsänderung des Sonnenscheinautographen im Jahre 1938 eine Abschirmung des Apparates in den frühen und späten Abendstunden verringert worden ist, was zu höheren registrierten Sonnenscheinstunden in dieser Jahreszeit führte.

Den Angaben der Niederschlagsmenge nach den Ombrometerbeobachtungen kommt wegen der Unsicherheit dieser Niederschlagsmessungen auf windexponierten Gipfellagen keine Bedeutung zu. Den wahren Verhältnissen kommen die Beobachtungen mit Totalisatoren näher, die ebenfalls in der Klimatabelle angegeben sind und einen um 82% höheren Wert der Jahresniederschlagssumme ergeben haben. Auffallend stark hat sich die durchschnittliche Zahl der Niederschlagstage geändert. Sie ist im Durchschnitt der ersten Hälfte unseres Jahrhunderts im Frühling um 9,5, im Sommer um 6,8, im Herbst um 6,3, im Winter um 6,9 und in der Jahressumme um 29,5 Tage kleiner als im Durchschnitt der ersten 50jährigen Beobachtungszeit auf dem Sonnblick.

Die aus den Terminbeobachtungen nach Beaufort-Einheiten berechneten mittleren Windgeschwindigkeiten sind auch im Mittel unseres ersten halben Jahrhunderts besonders im Winterhalbjahr kleiner als die Durchschnittswerte der ersten 50 Jahre der Sonnblickbeobachtungsreihe. Die Unterschiede betragen im Herbst und Winter 0,5 m/sec, im Frühling 0,1 m/sec und im Sommer 0,3 m/sec. Es muß darauf hingewiesen werden, daß das aus den Windregistrierungen bestimmte Jahresmittel der Windgeschwindigkeit um 1,3 m/sec größer ist als das aus den Terminbeobachtungen berechnete Jahresmittel.

Mit diesen Hinweisen sollen nur die bemerkenswertesten Unterschiede der Werte der Klimatabelle des Abschnittes 1901—1950 gegenüber dem ersten halben Jahrhundert von Sonnblickbeobachtungen im Zeitabschnitt 1887—1936 hervorgehoben werden. Auf den zeitlichen Verlauf der Änderungen der einzelnen meteorologischen Elemente, die einen Ausdruck für die Klimaänderungen geben, soll bei anderer Gelegenheit noch näher eingegangen werden.

Klimatabelle für den Sonnblick, 3106 m. 1901—1950

	Jän.	Feb.	März	April	Mai	Juni	Juli	August	Sept.	Okt.	Nov.	Dez.	Jahr
Luftdruck 500 + . . . mm													
durchschnittliche Monats- und Jahresmittel	16,0	15,2	15,9	17,1	21,1	23,8	25,5	25,6	24,6	21,3	17,9	16,0	20,0
größtes Monats- und Jahresmittel	24,7	22,5	25,5	23,3	24,4	27,0	29,0	28,7	27,8	26,6	23,5	22,1	21,92
Jahr	1925	1920	1948	1947	1920	1917	1928	1932	1917	1921	1948	1932	1920
							1911						
kleinstes Monats- und Jahresmittel	8,2	9,1	9,8	12,1	16,8	19,3	22,3	22,8	20,9	15,8	12,3	10,7	18,56
Jahr	1915	1947	1909	1903	1902	1933	1913	1912	1931	1905	1910	1935	1915
									1912				
absolutes Maximum	33,1	32,6	32,0	30,8	33,5	36,2	34,7	34,4	35,0	33,4	34,0	33,4	36,2
Jahr	1932	1950	1920	1947	1908	1935	1905	1932	1936	1900	1906	1932	1935
absolutes Minimum	— 4,6	— 3,3	— 3,3	1,9	6,9	10,9	13,6	12,8	9,0	3,4	— 4,2	— 1,6	— 4,6
Jahr	1910	1940	1917	1936	1928	1933	1909	1905	1919	1941	1903	1913	1910
Variationsbreite	37,7	35,9	35,3	28,9	26,6	25,3	21,1	21,6	26,0	30,0	38,2	35,0	40,8
Lufttemperatur, ° C													
durchschnittliche Monats- und Jahresmittel	— 12,9	— 13,0	— 11,4	—8,5	— 3,8	— 0,9	1,2	1,2	— 1,1	— 4,6	— 8,8	— 11,6	— 6,2
7 Uhr	— 13,2	— 13,5	— 12,0	— 9,2	— 4,5	— 1,5	0,5	0,6	— 1,6	— 5,0	— 9,3	— 11,8	— 6,7
14 Uhr	— 12,4	— 12,4	— 10,4	— 7,3	— 2,7	0,2	2,3	2,2	— 0,2	— 3,9	— 8,3	— 11,2	— 5,3
21 Uhr	— 14,4	— 13,2	— 11,6	— 8,8	— 4,0	— 1,1	0,9	1,0	— 1,3	— 4,7	— 9,0	— 11,7	— 6,5
höchstes Monats- und Jahresmittel	— 8,1	— 7,7	— 8,1	— 4,8	— 0,7	2,0	4,2	4,4	2,6	— 1,3	— 4,6	— 8,0	— 4,7
Jahr	1932	1914	1920	1949	1920	1931	1928	1944	1932	1949	1938	1932	1920
												1912	
tiefstes Monats- und Jahresmittel	— 18,1	— 19,6	— 16,3	— 12,9	—8,5	— 4,3	— 2,8	— 2,3	— 7,1	— 10,7	— 13,0	— 16,5	— 7,8
Jahr	1942	1901	1944	1938	1902	1923	1913	1923	1912	1905	1912	1940	1909
absolutes Maximum	1,3	3,4	3,5	3,8	9,4	12,8	13,8	12,0	9,9	8,6	5,8	1,2	13,8
Jahr	1901	1940	1920	1947	1945	1935	1905	1943	1949	1949	1927	1942	1905
absolutes Minimum	— 37,2	— 36,6	— 30,2	— 26,6	— 20,0	— 12,6	— 10,5	— 10,0	— 15,5	— 20,3	— 28,5	— 33,0	— 37,2
Jahr	1905	1940	1949	1929	1935	1921	1939	1940	1939	1941	1915	1927	1905
Variationsbreite	38,5	40,0	33,7	30,4	29,4	25,4	24,3	22,0	25,4	28,9	34,3	34,2	51,0
durchschnittliches Monats- und Jahresmaximum	— 3,5	— 3,9	— 2,9	— 0,5	3,9	7,1	9,3	8,9	6,3	3,3	— 0,3	— 2,7	10,2
durchschnittliches Monats- und Jahresminimum	— 25,5	— 24,7	— 21,9	— 18,9	— 13,2	— 9,4	— 6,8	— 7,0	— 10,2	— 14,6	— 19,8	— 22,9	— 28,2
durchschnittliches tägliches Maximum	— 10,6	— 10,7	— 9,1	— 6,2	— 1,8	1,2	3,3	3,3	0,8	— 2,6	— 6,8	— 9,3	— 4,0
durchschnittliches tägliches Minimum	— 15,3	— 15,4	— 13,7	— 10,8	— 6,0	— 3,1	— 1,1	— 1,0	— 3,0	— 6,5	— 10,9	— 13,8	— 8,4
durchschnittliche Tagesschwankung	4,7	4,7	4,6	4,6	4,2	4,3	4,4	4,3	3,8	3,9	4,1	4,5	4,4
durchschnittliche Zahl der Frosttage (nach Terminen)	31,0	28,0	31,0	30,0	28,9	22,0	15,9	15,6	20,6	29,1	29,8	31,0	313,1
durchschnittliche Zahl der Eistage (nach Terminen)	31,0	28,0	30,9	29,4	24,4	13,6	7,8	7,6	13,9	25,3	29,4	30,9	272,3

Wasserdampfgehalt der Luft

durchschnittliche Monats- und Jahresmittel der relativen Feuchtigkeit, %

78 77 82 87 90 90 90 89 85 82 79 79 84

7 Uhr

77 75 79 84 88 89 88 88 83 79 80 77 82

14 Uhr

77 75 81 88 92 91 92 92 89 84 81 78 85

größtes Monats- und Jahresmittel

92 93 96 94 97 97 97 96 96 94 92 94 88

kleinstes Monats- und Jahresmittel

61 59 62 75 80 81 78 79 73 66 60 64 79

durchschnittliche Monats- und Jahresmittel des Dampfdruckes, mm

1,3 1,3 1,6 2,2 3,2 4,0 4,6 4,6 3,7 2,7 1,9 1,5 2,7

größtes Monats- und Jahresmittel

2,0 2,1 2,1 2,9 3,8 4,8 5,5 6,2 5,1 4,7 2,8 2,2 3,0

kleinstes Monats- und Jahresmittel

0,8 0,7 1,1 1,4 2,2 3,1 3,4 3,7 2,4 1,5 1,2 0,9 2,4

größter Terminwert

3,5 3,5 3,8 4,6 5,9 7,7 9,0 8,5 6,6 5,7 5,0 3,7 9,0

kleinster Terminwert

0,0 0,0 0,2 0,4 0,7 1,0 1,4 1,0 0,4 0,2 0,2 0,1 0,0

Bewölkung

durchschnittliche Monats- und Jahresmittel (Zehntel der Himmelsfläche)

6,1 6,1 6,7 7,6 7,6 7,7 7,6 7,0 6,5 6,2 6,4 6,3 6,8

7 Uhr

6,3 6,4 6,8 7,2 6,8 6,9 6,5 6,1 5,9 6,1 6,3 6,4 6,5

14 Uhr

6,3 6,3 7,0 8,1 8,1 8,0 8,0 7,8 7,2 6,6 6,6 6,6 7,2

21 Uhr

5,6 5,7 6,4 7,6 7,9 8,2 8,0 7,3 6,5 5,9 6,0 6,0 6,8

größtes Monats- und Jahresmittel

8,4 9,1 9,1 9,1 9,4 9,4 8,9 8,4 8,1 8,4 8,6 8,6 7,9

kleinstes Monats- und Jahresmittel

3,2 3,4 4,2 5,8 5,8 6,1 5,3 5,2 3,4 3,2 3,3 3,7 5,2

durchschnittliche Zahl der trüben Tage

11,5 11,1 14,3 16,3 16,7 16,3 15,9 13,6 12,5 12,0 12,0 11,8 164,0

größte Zahl der trüben Tage

21 22 24 23 31 26 26 21 22 21 20 20 210

kleinste Zahl der trüben Tage

4 4 5 7 8 8 7 3 5 4 3 2 106

durchschnittliche Zahl der heiteren Tage

6,2 5,6 4,5 2,1 1,5 1,1 1,6 2,7 4,3 5,3 4,9 4,9 44,7

größte Zahl der heiteren Tage

17 16 14 8 7 5 7 8 17 14 16 13 97

kleinste Zahl der heiteren Tage

0 0 0 0 0 0 0 0 0 0 0 0 20

durchschnittliche Zahl der Tage mit Nebel

19,7 18,8 23,0 24,4 25,8 24,5 25,0 23,4 21,2 20,6 19,6 21,1 267,1

Sonnenschein

durchschnittliche Monats- und Jahresstundensumme der Sonnenscheindauer

109 120 138 120 137 141 161 171 150 142 107 95 1951

größte Monats- und Jahresstundensumme

194 204 229 227 215 226 257 242 226 218 168 171 1937

kleinste Monats- und Jahresstundensumme

38 34 63 39 39 49 90 85 81 63 50 34 1231

durchschnittliche Sonnenscheindauer in Prozenten der effektiv möglichen Dauer

39 40 37 30 32 35 38 39 40 41 37 35 37

durchschnittliche Zahl der Tage ohne Sonnenschein

10,7 8,5 9,6 9,3 8,6 7,2 5,5 5,7 7,2 9,3 10,6 12,2 104,4

größte Zahl der Tage ohne Sonnenschein

20 22 18 18 18 14 15 16 15 22 19 21 145

kleinste Zahl der Tage ohne Sonnenschein

4	3	3	3	2	3	0	0	0	3	4	4	82

durchschnittliche Sonnenscheindauer in Stunden pro Tag

3,5	3,5	4,5	4,0	4,4	4,7	5,2	5,5	5,0	4,6	3,6	3,1	4,37

Niederschlag, mm

durchschnittliche Monats- und Jahressumme des Niederschlags (nach Ombrometerbeobachtungen)

103	107	124	142	139	119	126	121	102	112	109	114	1418

größte Monats- und Jahressumme des Niederschlags (nach Ombrometerbeobachtungen)

222	241	241	291	341	256	194	189	213	240	220	269	1985

durchschnittliche Monats- und Jahressumme des Niederschlags (nach Totalisatorbeobachtungen)

198	197	212	235	218	260	242	226	220	197	175	200	2580

größte tägliche Niederschlagsmenge (nach Ombrometerbeobachtungen)

41	65	63	56	108	49	39	49	44	54	49	62	108

durchschnittliche Zahl der Tage mit Niederschlag

$\geqq$ 0,1 mm

17,4	16,9	19,5	20,7	20,7	21,0	20,7	18,9	15,9	15,6	16,4	17,6	221,3

$\geqq$ 1,0 mm

14,2	13,9	16,1	18,1	17,1	17,3	17,3	15,7	13,4	13,0	13,7	14,8	184,6

größte Zahl der Tage mit Niederschlag

30	26	29	29	28	28	27	26	23	26	26	27	281

kleinste Zahl der Tage mit Niederschlag

6	7	4	10	13	14	11	13	6	4	5	7	155

durchschnittliche Zahl der Tage mit Schneefall

17,4	16,9	19,5	20,7	20,3	17,6	14,2	13,4	13,6	15,5	16,4	17,6	203,1

durchschnittliche Zahl der Tage mit Schneedecke (1938—1950)

31	28	31	30	31	30	31	30	27	30	30	31	360

durchschnittliche Zahl der Tage mit Gewitter

0,0	0,0	0,0	0,1	1,6	4,0	6,6	5,5	1,5	0,2	0,1	0,0	19,6

Wind

mittlere Windgeschwindigkeit, m/sec

6,5	6,3	6,1	5,4	4,6	4,5	4,5	4,6	4,9	5,4	6,1	5,2	5,4

durchschnittliche Zahl der Tage mit Sturm ($\geqq$ 6 Beaufort)

12,5	11,6	11,0	7,4	5,2	4,9	5,5	6,1	7,2	9,2	10,9	12,5	104,0

durchschnittliche Häufigkeiten der Windrichtungen, % (nach Terminbeobachtungen)

N	23	22	20	19	18	22	22	19	18	17	18	19	20
NE	16	17	15	14	14	17	17	14	12	10	11	14	15
E	5	5	5	4	4	4	4	3	3	3	4	5	4
SE	3	3	3	3	2	1	2	2	2	2	2	3	2
S	5	5	6	6	6	5	5	6	7	6	5	6	6
SW	16	15	19	18	21	16	15	18	20	21	21	19	18
W	17	17	18	22	20	18	18	22	21	25	24	20	20
NW	13	13	11	11	10	12	13	12	13	13	12	12	12
Windstille	2	3	3	3	5	5	4	4	4	3	3	2	3

Viktor Kuzel — ein tragisches Opfer des Sonnblicks

Nachruf und Bericht von Luitpold Binder

Wir haben einen schweren Verlust erlitten!

Viktor Kuzel, ein junger und bewährter Bediensteter der Zentralanstalt für Meteorologie und Geodynamik in Wien und ein verdientes Mitglied des Sonnblick-Vereines, fiel am 30. Juli 1953 in pflichtbewußter Ausübung seines Dienstes am Sonnblick einem tragischen Unfall zum Opfer.

Kuzel war mit seinen handwerklichen Fähigkeiten ein vielseitig verwendbarer und gewissenhafter Arbeiter, der an den Schicksalen des Sonnblick-Observatoriums regen und tätigen Anteil nahm. Er war ein bescheidener, liebenswürdiger und offener Mensch, dem das Verwachsensein mit der Natur die einzige und ungetrübte Freude bereitete.

Sein Name wird immer in Ehren genannt werden!

Schon am 28. Juli hatte ein Unwetter im Tauerngebiet die Telephonleitung von Kolm zum Sonnblick-Observatorium mehrfach unterbrochen. Unser ständiger Wetterwart Hermann Rubisoier und ein beim Seilbahnbau beschäftigter Arbeiter der Tauernkraftwerke hatten am folgenden Tag die arg zugerichtete Telephonleitung auf der ganzen Trasse wieder instand gesetzt. Es mußten dabei drei Maste aufgestellt und 750 m Leitungsdraht neu verlegt werden. Ziemlich erschöpft und total durchnäßt kamen beide in den späten Abendstunden zum Observatorium zurück. Die Freude an der reparierten Telephonleitung währte leider nicht lange. Schon in der folgenden Nacht, zwischen 23 und 24 Uhr, brach neuerdings ein Unwetter mit schwerem Gewitter los, wobei die Blitze auch mehrmals im Gebäude einschlugen und arge Schäden anrichteten. Sämtliche Lichtleitungen, Glühlampen, Lampenfassungen, Sicherungen, Feuchtraumkabel und Verteilerdosen wurden stark beschädigt, aus der Wand gerissen bzw. abgeschmolzen. Auch die Funkanlage sowie das Telephon erlitten Schaden. Selbst die Türstöcke, wo Schalter und Leitungen montiert waren, wiesen Brandspuren auf. Alle Anwesenden waren in höchster Alarmbereitschaft, und trotz starker Ermüdung nach den Strapazen des Vortages fand man nach Bannung der Gefahr kaum mehr Schlaf.

Am nächsten Vormittag machten sich Viktor Kuzel und ein weiterer Seilbahnarbeiter der Tauernkraftwerke, Herr Alois Marktl, auf den Weg, um neuerdings die Schäden an der Telephonleitung zu beheben. Zur Überprüfung der Leitungsabschnitte nahmen sie ein tragbares Feldtelephon mit, mit dem sie von Zeit zu Zeit durch Anrufe am Sonnblick das Funktionieren der Leitungsstücke feststellten. Das Wetter war etwas besser als am Vortag. Es war nebelig, doch regnete und schneite es nicht mehr. Gegen Mittag wurde der Nebel dichter, und ab 11.45 Uhr setzte wieder Regen und Graupelschauer ein. Die Vertikalsicht war dadurch stark behindert, und keiner der beiden konnte das Herannahen eines neuen Gewitters vermuten. Ein am Sonnblick installierter luftelektrischer Feldstärkeschreiber zeigte inzwischen schon so heftige Ausschläge, daß er um 11.50 Uhr außer Betrieb gesetzt werden mußte. Man erwartete dort ungeduldig den nächsten Kontrollruf des Bautrupps, um ihm diese Gewitterwarnung mitzuteilen. Um 12.05 Uhr durchzuckte ein einziger Blitz den düsteren und nebeldichten Himmel, der irgendwo in Hausnähe einschlug. Noch ahnte man nichts von dem fürchterlichen Unheil, das dieser heimtückische Blitz anrichtete.

Erst nach geraumer Zeit vernahm man vom Ostgrat her gellende Hilferufe nach der Bergrettung. Sofort alarmierte der Wetterwart Rubisoier den Hüttenwart Bernhart und den zweiten Seilbahnarbeiter, und ausgerüstet mit Seilen und Akja (Rettungsboot) eilten sie sofort den Hilferufern entgegen. Es waren zwei Touristen, ein Herr und eine Dame, die in Eile von der Rojacherhütte kamen und mitteilten, daß unweit von dort einer unserer Leute vom Blitz getroffen worden wäre. Fast atemlos liefen die drei Helfer zur Rojacherhütte und vernahmen dort, daß der Verunglückte unser Viktor Kuzel war. Die Unfallstelle befand sich bei einer Trennstelle der Telephonleitung am Kleinen Sonnblick. Nach dem Bericht von Alois Marktl, des einzigen Zeugen des Unglücks, waren die beiden im Zuge der Leitungskontrolle zum Kleinen Sonnblick gelangt, wo sich eine Trennstelle befand, die einen weiteren Kontrollruf ermöglichen sollte. Kuzel entnahm dem Feldfernsprecher das Anschlußkabel und stellte damit die Verbindung mit dem Leitungsdraht her. In diesem Augenblick zuckte der verhängnisvolle Blitz auf, und Kuzel fiel rücklings zu Boden. Knapp daneben stand Marktl mit dem Hörer des Feldtelephons in der Hand, der ihm mit einem kräftigen Schlag aus der Hand gerissen wurde. Wie sich später herausstellte, war auch das Anschlußkabel zum Hörer abgeschmolzen. Zu Tode erschrocken, wandte sich Marktl dem Verunglückten zu. Dieser lag regungslos auf dem Boden. Schaum trat ihm aus den Lippen und Blut aus der Nase. Marktl öffnete alle beengenden Kleidungsstücke und versuchte sofort, die Herztätigkeit mittels künstlicher Atmung wieder anzuregen. In dieser Zeit begann es zu schneien und der Wind frischte auf. Die Temperatur sank unter den Gefrierpunkt, und Marktl sah ein, daß er allein nicht viel helfen konnte, da er befürchtete, daß der völlig durchnäßte Verletzte erfrieren könnte. Er rief um Hilfe, doch seine Rufe blieben ungehört. Er unterbrach die künstliche Atmung und rannte atemlos zur Rojacherhütte, wo sich sofort zwei junge Touristen, ein Wiener und ein Tiroler, mit einigen trockenen Decken ihm anschlossen und eiligst zur Unfallstelle zurückkehrten. Nach 20 Minuten Unterbrechung wurden die Wiederbelebungsversuche fortgesetzt. Bald darauf traf nun auch der Rettungstrupp vom Sonnblick ein, und alle fünf Helfer bemühten sich abwechselnd um den Verletzten. Rubisoier eilte inzwischen nach Kolm weiter, um einen Arzt herbeizurufen und die Unheilsnachricht nach Wien zu übermitteln. Sämtliche in Kolm anwesende Seilbahnarbeiter der Tauernkraftwerke waren ebenfalls sofort zur Unfallstelle aufgestiegen, um ihre Hilfe anzubieten. Bis um 18.15 Uhr wurden die Wiederbelebungsversuche unter fachkundiger Anleitung des Tiroler Touristen durchgeführt. Kuzel wurde in das Rettungsboot gebettet und talwärts gefahren. Unterhalb des Neubauschutzhauses traf die Kolonne auf Rubisoier und den mit einem Taxi aus Rauris herbeigeeilten Arzt Dr. Edwin Rosner, der dem Verunglückten sofort eine Herzinjektion verabreichte. Er mußte jedoch leider feststellen, daß der Tod wahrscheinlich sofort eingetreten sein mußte. Die Untersuchung ergab, daß Kuzel lediglich zwei stecknadelgroße Bläschen als Eintrittsspuren am Daumen der linken Hand aufwies. Es war jene Hand, mit der er den Draht der Telephonleitung gerade in dem Augenblick in Händen hielt, als sich der Blitz um 12.05 Uhr irgendwo zwischen Kleinem und Hohem Sonnblick entlud.

In Kolm wurde Kuzel in der Kapelle aufgebahrt und in Latschen und Edelweiß gebettet. Jeder, der ihn kannte, verrichtete in stummer Trauer seine Totenandacht. Ein zufällig als Tourist anwesender Pater las am nächsten Morgen eine Totenmesse. Kuzel wurde nach Wien überführt und am 7. August auf dem Wiener Zentralfriedhof zur letzten Ruhe bestattet. Vertreter des Unterrichtsministeriums und fast die ganze Kollegenschaft der Zentralanstalt für Meteorologie und Geodynamik unter Führung der Direktion erwiesen ihm die letzte Ehre. Vizedirektor Dr. Lukesch nahm am offenen Grabe in ergreifenden Worten Abschied von dem durch die Tücken des Schicksals und der Naturgewalten hinweggerafften blühenden Leben.

Photo: Kurt Kobliha

Bericht über die Tätigkeit des Sonnblick-Vereines in den Jahren 1951—1953

Der Betrieb des Höhenobservatoriums blieb unverändert. Der laufende Beobachtungsdienst wurde von dem Ehepaar Hermann und Vefi Rubisoier ohne Unterbrechung durchgeführt. Inspektionen erfolgten hauptsächlich vom stellvertretenden Leiter des Observatoriums H. Tollner. H. Rubisoier wurde im Herbst 1952 an der Zentralanstalt in Wien nachgeschult und einer gründlichen ärztlichen Untersuchung unterzogen. Die Urlaubsvertretung wurde von Angehörigen der Wetterdienststelle Salzburg (A. Strasser und J. Mayr) geleistet. Schriftführer L. Binder besorgte die Neuaufnahme des Sonnblickinventars. Die Registrierungen einiger meteorologischer Elemente am Sonnblickgipfel wurden laufend ausgewertet.

Die Personalkosten des Sonnblick-Observatoriums werden seit 1946 von der Zentralanstalt für Meteorologie bestritten, das Beobachterehepaar gehört zum Personalstand der Zentralanstalt.

Der Sonnblick-Verein hat durch Gewährung von Subventionen bzw. freie Unterkunft im Zittelhaus folgende wissenschaftliche Untersuchungen gefördert: Gletschervermessungen von H. Tollner, 1951—1953; Studien des Wärmehaushalts der Gletscher von F. Sauberer und I. Dirmhirn, 1951; kristallographische Messungen auf der Pasterze von W. Schwarzacher und N. Untersteiner, 1952 und 1953; Ablationsmessungen am Vernagtferner durch H. Hoinkes, 1951—1953; luftelektrische Messungen durch H. Niedetzky, 1953.

Teils aus vereinseigenen Mitteln, teils mit finanzieller und personeller Hilfe der Zentralanstalt für Meteorologie wurden umfangreiche Reparaturen im Gebäude und in den Anlagen des Observatoriums durchgeführt. Von der Lichtanlage wurde der dem Alpenverein gehörige Petroleummotor überholt, ein Ersatzmotor des Sonnblick-Vereines auf den Berg gebracht, die Akkumulatoren fast vollständig erneuert, ebenso die Lichtleitung. Im Juli 1953 hat ein Blitzschlag die Lichtleitung im Observatorium schwer beschädigt, worauf sie neuerdings repariert werden mußte. Die Telephonanlage bedarf dauernder Überwachung und ist im Sommer wie im Winter gegen Witterungseinflüsse sehr anfällig, im Sommer 1953 forderte ihre Reparatur sogar ein Todesopfer (siehe Nachruf auf V. Kuzel). Die Innenwände des

Observatoriums wurden gestrichen, sowohl für die Gelehrtenstube wie für die Küche wurde ein Fußbodenbelag angeschafft.

Von den Niederschlagstotalisatoren werden instand gehalten bzw. abgelesen: Zittelhaus, Rojacherhütte, Unteres und Oberes Fleißkees. Von den Schneepegeln jene in Kolm, am unteren, oberen und obersten Goldbergkees, in der Fleißscharte und am oberen Fleißkees.

Brennmaterial, das vor dem Weltkrieg durch den Alpenverein beigestellt wurde, mußte in den Nachkriegsjahren mit hohen Transportkosten vom Sonnblick-Verein beschafft werden; derzeit übernimmt die Zentralanstalt für Meteorologie die Heizkosten.

Die Übermittlung der Wettermeldungen geschieht in der Regel mittels eines Kurzwellen-Funkspruchgeräts zur Wetterdienststelle Salzburg. Das Gerät ist Eigentum der Österreichischen Postverwaltung.

Betreffend Benutzung weiterer Räumlichkeiten im Zittelhaus hat der Sonnblick-Verein mit dem Alpenverein folgenden Zusatzvertrag im Juli 1950 abgeschlossen:

„Vorbehaltlich einer zukünftigen Regelung der Frage des Deutschen Eigentums wird im Nachhang mit dem Treuhänder als gegenwärtigen Verwalter folgendes vereinbart:

§ 1

Der Sonnblick-Verein erhält das Benutzungsrecht für beide oberhalb der Küche und der Gelehrtenstube im Ostteil des Zittelhauses gelegenen Zimmer.

§ 2

Der Sonnblick-Verein sorgt für die Erhaltung und den Betrieb der Lichtanlage und stellt dem Zittelhaus elektrischen Strom für Beleuchtungszwecke zur Verfügung, soweit dadurch der Bedarf des Observatoriums nicht beeinträchtigt wird. Der mittels Zählers festgestellte Verbrauch an elektrischem Strom wird dem Sonnblick-Verein vergütet. Das Ausmaß der Strommenge und der Strompreis wird im Einvernehmen mit der Treuhandverwaltung des Alpenvereins festgelegt."

Im August 1953 erfolgte eine Aussprache zwischen dem Hüttenwirt für das Zittelhaus, Herrn Baumann, Sektion Salzburg des Österreichischen Alpenvereins, und dem Vertreter der Sektion Halle, Herrn Lachmann, einerseits und dem stellvertretenden Vorsitzenden des Sonnblick-Vereines, Dr. Lukesch, sowie dem Schriftführer, L. Binder, anderseits über den Zustand der Baulichkeiten, wobei von den Vertretern des Alpenvereins eine bindende Zusage zur Überprüfung der Blitzschutzanlage sowie zur Neubedachung des Zittelhaus-Ostteils erwirkt wurde.

Der Sonnblick-Verein und die Direktion der Zentralanstalt für Meteorologie haben sich im Berichtszeitraum dauernd mit den durch den Bau der Transportseilbahn geschaffenen Problemen beschäftigt. Mit Ausnahme des Vorsitzenden gehört der gesamte Vereinsausschuß des Sonnblick-Vereines dem Arbeitsausschuß des „Vereins zur Errichtung einer Seilbahn auf den Sonnblick" an. Der Sonnblick-Verein selbst hat aus eigenen Mitteln diesem Verein bereits einige Darlehen gegeben, außerdem wurden für die Seilbahn gespendete Beträge in der Höhe von 129.000 S — davon 100.000 S von der Österreichischen Casino A. G. — überwiesen. Näheres über den Seilbahnbau ist dem Artikel „Zur Geschichte der Seilbahn auf den Hohen Sonnblick" zu entnehmen. El.

Vereinsnachrichten

Die letzten Hauptversammlungen fanden am 26. Juni 1951, am 23. Mai 1952 und am 11. Mai 1953 statt. In der Zusammensetzung des Vereinsvorstandes hat sich gegenüber dem Jahre 1950 keine Änderung ergeben.

Das Vereinskuratorium hat zwei seiner Mitglieder durch Tod verloren, Herrn Sekt.-Chef Dr. O. Skrbensky sowie Herrn Univ.-Prof. Dr. H. Benndorf. Nachdem im Jahre 1952 gemäß geänderter Satzungen die Zahl der von den Einzelmitgliedern zu entsendenden Kuratoriumsmitglieder von drei auf fünf erhöht wurden, setzt sich das Kuratorium derzeit folgendermaßen zusammen: Vorsitzender Univ.-Prof. Dr. W. Schwarzacher, Vertreter der Bundesregierung Sekt.-Rat Dr. W. Sturminger, Vertreter der Akademie der Wissenschaften Univ.-Prof. Dr. H. Ficker, Univ.-Prof. Dr. H. Chiari, Vertreter der alpinen Vereine Univ.-Prof. Dr. H. Kienzl, Prof. E. Schott, Vertreter der Einzelmitglieder Vizedir. Dr. J. Lukesch, Dr. F. Sauberer Dr. O. Eckel, Dr. S. Schwarzl und Fachlehrer E. Bendl.

In der Hauptversammlung vom 23. Mai 1952 wurde eine vom Vereinskuratorium und Vereinsvorstand vorgeschlagene Satzungsänderung beschlossen. Die neuen Satzungen wurden mit Zl. SD 2607/53 vom 11. Mai 1953 von der Vereinsbehörde genehmigt. Sie sind in diesem Bericht S. 66 gesondert abgedruckt.

Der Sonnblick-Verein veröffentlicht nach jeder Hauptversammlung ein gedrucktes Sitzungsprotokoll, in dem über Einnahmen und Ausgaben berichtet wird. Es seien daher in diesem Jahresbericht nur die Endsummen der jährlichen Geldgebarung mitgeteilt:

	Einnahmen und Übertrag	Ausgaben
	S	S
1. Jänner bis 31. Dez. 1950	73.844.47	29.063.90
1. Jänner bis 31. Dez. 1951	73.289.21	43.659.95
1. Jänner bis 31. Dez. 1952	62.276.46	34.275.90
Vortrag für 1953	28.000.56	

El.

Veröffentlichungen seit 1938

1938:

F. Sauberer, Strahlungsmessungen am Hohen Sonnblick. Meteorol. Z. *55*, 435 (1938).

W. Schwabl u. H. Tollner, Vertikalbewegungen der Luft über einem Gletscher. Meteorol. Z. *55*, 61 (1938).

Stündliche Aufzeichnungen der meteorologischen Elemente auf dem Sonnblick im Jahre 1938. Jahrbuch der Zentralanstalt, Jg. 1938, III. Folge, (1939). *1*/1, 43

F. Steinhauser, Tagesmittel der Temperatur auf dem Hohen Sonnblick 1886—1939. Jahrbuch der Zentralanstalt, Jg. 1938, III. Folge, *1*, Anhang (1940).

V. Conrad, Der Höheneinfluß auf die Jahresschwankung des Luftdrucks. Meteorol. Z. *55*, 429 (1938).

1939:

F. Steinhauser, Die Zunahme der Intensität der direkten Sonnenstrahlung mit der Höhe im Alpengebiet und die Verteilung der Trübung in den unteren Luftschichten. Meteorol. Z. *56*, 172 (1939).

H. Windischbauer, Verbreitung des Südföhns in den Ostalpen. Diss. Wien 1939; auszugsweise veröffentlicht in Meteorol. Z. *58*, 23 (1941).

H. Dietl, Windverhältnisse auf dem Obir. Diss. Wien 1939.

M. Roller, Das Klima des Hochkönigs im Verhältnis zum Klima auf dem Hohen Sonnblick und der Zugspitze. Diss. Wien 1939.

Stündliche Aufzeichnungen der meteorologischen Elemente auf dem Sonnblick im Jahre 1939. Jahrbuch der Zentralanstalt, Jg. 1939, III. Folge, *2*/1, 43 (1941).

1940:

J. Wittich, Über eine Zone maximalen Niederschlags im Sonnblickgebiet. Diss. Wien 1940.

F. Steinhauser, Sonnblick-Meteorologie. Z. des Deutschen Alpenvereins *71*, 158 (1940).

K. F. Wolff, Glocknerstraße und Ahnenwege. Ebenda *71*, 170 (1940).

F. Waldmann, Zu den Namen der Sonnblickkarte. Ebenda *71*, 151 (1940).

O. Brunner, Aus der Geschichte des Goldbergbaus in den Hohen Tauern. Ebenda *71*, 143 (1940).

Karte der Sonnblickgruppe 1:25.000. Ebenda 1940.

1941:

J. R. Held, Temperatur und relative Feuchtigkeit auf Sonn- und Schattenseite in einem Alpenlängstal. Meteorol. Z. *58*, 398 (1941).

J. R. Held, Temperatur und relative Feuchtigkeit auf Sonn- und Schattenseite, untersucht im oberen Pinzgau. Diss. Wien 1941.

A. Frühling, Nordföhn im Sonnblickgebiet. Diss. Wien 1941.

S. Morawetz, Die Vergletscherung der zentralen Ostalpen von den Stubaier Alpen bis zur Sonnblickgruppe. Z. des Deutschen Alpenvereins *72*, (1941).

1942:

F. Lauscher, Über die mittlere Bewölkung und die Anzahl heiterer, wolkiger und trüber Tage auf Bergstationen. Meteorol. Z. *59*, 57 (1942).

1944:

N. Adler, Zur Kritik der Temperaturbeobachtungen auf dem Sonnblickgipfel. Meteorol. Z. *61*, 161 (1944).

A. Frühling, Das Wetter bei Nordföhn im Sonnblickgebiet. Meteorol. Z. *61*, 203 (1944).

A. Kieslinger, Das Tauerngold. Z. des Deutschen Alpenvereins *75* (1944).

1946:

F. Turnowsky, Die Seen der Schober-Gruppe in den Hohen Tauern. „Carinthia II", 8. Sonderheft, Klagenfurt 1946.

H. Schupfer, Synoptisch-aerologische Darstellung einiger Fälle von Erwärmung auf der Zugspitze bei Nordwestwind. Diss. Wien 1946.

W. Undt, Höhenföhn im Gebiete der Ostalpen. Diss. Wien 1946.

1947:

E. Rathschüler, Die Änderung des Tagesgangs der Luftfeuchtigkeit mit der Höhe im Gebirge bei ungestörter Witterung (Oberpinzgau). Diss. Wien 1947.

J. Lukesch, 60 Jahre Sonnblick-Wetterwarte. „Carinthia II", *136*, 49 (1947).

1948:

H. Tollner, Zum Problem Eishaushalt und Niederschlag im Hochgebirge. Mitt. der Geogr. Ges. Wien *90*, 3 (1948).

H. Tollner, Über die Ursachen des ungewöhnlich starken Ostalpen-Firnrückganges der letzten Jahre. Wetter und Leben *1*, 196 (1948).

L. Tschermak, Hohe Lage der oberen Wald- und Baumgrenze in den Inneralpen und Klimacharakter. Wetter und Leben *1*, 225 (1948).

H. Tollner, Zum Eisschwund der Alpengletscher. Wetter und Leben *1*, 65 (1948).

H. Tollner, Vorläufige Mitteilung über den Stand der Gletscher der Sonnblickgruppe Ende September 1948. Wetter und Leben *1*, 211 (1948).

1949:

H. Tollner, Der Einfluß großer Massenerhebungen auf die Lufttemperatur und die Ursache der Hebung der Vegetationsgrenzen in den inneren Ostalpen. Arch. f. Met., Geoph. u. Biokl., Ser. B, *1*, 347 (1949).

H. Tollner, Die Depression ostalpiner Firngrenzen von 1947 auf 1948. Mitt. d. Geogr. Ges. Wien *91*, 1 (1949).

F. Steinhauser, Über die Struktur des Jahresganges der Niederschläge am Zentralalpenkamm. Wetter und Leben *2*, 1 (1949).

H. Tollner, Die Schneeverhältnisse auf zentralalpinen Firnfeldern im Winter 1948/49. Wetter und Leben *2*, 70 (1949).

H. Tollner, Ergebnisse der Gletscheruntersuchungen in den Hohen Tauern im Spätsommer 1949. Wetter und Leben *2*, 159 (1949).

E. Rathschüler, Über die Änderung des Tagesganges der Luftfeuchtigkeit mit der Höhe. Arch. f. Met., Geoph. u. Biokl., Ser. B, *1*, 17 (1949).

E. Rathschüler, Der Einfluß eines Wasserfalles auf die Luftfeuchtigkeit der Umgebung. Arch. f. Met., Geoph. u. Biokl., Ser. B, *1*, 108 (1949).

F. Steinhauser, Die Schneehöhen in den Ostalpen und die Bedeutung der winterlichen Temperaturinversion. Arch. f. Met., Geoph. u. Biokl., Ser. B, *1*, 63 (1949).

1950:

H. Hauer, Klima und Wetter der Zugspitze. Ber. d. Deutschen Wetterdienstes in der US-Zone *3*, Nr. 16 (1950).

F. Steinhauser, Untersuchungen über die Schneedeckenverhältnisse im Hochgebirge und Beobachtungen auf der Großglockner-Hochalpenstraße (Vorläufig. Mitt.). Geofisica Pura e Applicata *17*, 183 (1950).

F. Sauberer und I. Dirmhirn, Die Bedeutung des Strahlungsfaktors für den Gletscherhaushalt. Wetter und Leben *2*, 248 (1950).

H. Tollner, Bericht über den Zustand einiger Tauerngletscher am Ende des Sommers 1950. Wetter und Leben *3*, 47 (1951).

I. Dirmhirn, Untersuchungen der Himmelsstrahlung in den Ostalpen mit besonderer Berücksichtigung ihrer Höhenabhängigkeit. Arch. f. Met., Geoph. u. Biokl., Ser. B, *2*, 301 (1950).

1951:

O. Eckel, Ergebnisse von Strahlungsmessungen auf dem Sonnblick. Wetter und Leben *3*, 170 (1951).

H. Tollner, Der Zustand der Gletscher der Glockner- und Sonnblickgruppe im Spätsommer 1951. Wetter und Leben *3*, 252 (1951).

H. Hoinkes, Frontenanalyse mit Hilfe von Bergbeobachtungen. Ein Beitrag zur Frage des Voreilens der Kaltluft in der Höhe. Arch. f. Met., Geoph. u. Biokl., Ser. A, *4*, 238 (1951).

F. Sauberer und I. Dirmhirn, Untersuchungen über die Strahlungsverhältnisse auf den Alpengletschern. Arch. f. Met., Geoph. u. Biokl., Ser. B, *3*, 256 (1951).

1952:

H. Hoinkes und N. Untersteiner, Wärmeumsatz und Ablation auf Alpengletschern. Geogr. Ann. *34*, 99 (1952).

H. Tollner, Wetter und Klima im Gebiete des Großglockners. „Carinthia II", 14. Sonderheft, Klagenfurt 1952.

H. Ficker, Die Wichtigkeit der Bergobservatorien für die Meteorologie der Gegenwart. Sonnblick-Jahresbericht für das Jahr 1950 (1952).

H. Tollner, Die Sonnblickgletscher in den Jahren 1935 bis 1951. Ebenda.

F. Steinhauser, Der Jahresgang der Niederschlagswahrscheinlichkeit auf dem Sonnblick, 3106 m. Ebenda.

J. Lukesch, Die Geschichte des meteorologischen Observatoriums auf dem Hochobir, 2041 m. Ebenda.

L. Binder, Der Bergtod des Beobachters Georg Rupitsch und seiner Frau am 9. November 1944. Ebenda.

I. Dirmhirn, Oberflächentemperaturen des Gesteins im Hochgebirge. Arch. f. Met., Geoph. u. Biokl., Ser. B, *4*, 43 (1952).

1953:

W. Schwarzacher und N. Untersteiner, Zum Problem der Bänderung des Gletschereises. Anzeiger d. Österr. Akademie d. Wiss. 1953, 4 und Sitz. Ber. d. Österr. Akad. d. Wiss. II a, *162*, 111 (1953).

Satzungen des Sonnblick-Vereines

gemäß Beschluß der ordentlichen Hauptversammlung vom 23. Mai 1952

§ 1. Name und Sitz des Vereins. Der Verein führt den Namen „Sonnblick-Verein" und hat seinen Sitz in Wien.

§ 2. Zweck des Vereins. Der Zweck des Vereins besteht darin, das Gipfelobservatorium auf dem Sonnblick in den Hohen Tauern zu erhalten und zu betreiben und geeignete österreichische alpine Vergleichsstationen zu unterstützen.

§ 3. Mittel zur Erreichung des Vereinszweckes. Die Mittel zur Erreichung des Vereinszweckes werden aufgebracht wie folgt:

1. Durch eine laufende Unterstützung des österreichischen Bundesministeriums für Unterricht in Wien;

2. durch eine laufende Unterstützung der Akademie der Wissenschaften in Wien, die das Sonnblick-Observatorium in wissenschaftlicher Hinsicht in den Kreis ihrer Unternehmungen aufnimmt;

3. durch Beiträge der Einzelmitglieder und anderweitige Zuwendungen.

§ 4. Mitglieder des Vereins. Der Verein setzt sich zusammen:

a) aus der Akademie der Wissenschaften in Wien, b) aus Einzelmitgliedern; diese umfassen Stifter, Förderer, ordentliche Mitglieder, Ehrenmitglieder und korrespondierende Mitglieder.

Ordentliche Mitglieder leisten jährlich mindestens den durch die Hauptversammlung festgesetzten Mitgliedsbeitrag, Förderer mindestens das Vierfache, Stifter lösen ihren Jahresbeitrag durch einmalige Zahlung ab. Zum Ehrenmitglied bzw. korrespondierenden Mitglied kann durch die Hauptversammlung ernannt werden, wer sich um den Verein in bemerkenswerter Weise verdient gemacht hat.

§ 5. Rechte der Mitglieder. Alle in § 4 genannten Mitglieder haben in der Hauptversammlung Stimm- und Wahlrecht. Die Akademie der Wissenschaften in Wien, die das Stimmrecht durch Bevollmächtigte ausübt, verfügt über 400 Stimmen, die unter b) angeführten Einzelmitglieder haben je eine Stimme. Diese können sich durch ein anderes mit schriftlicher Vollmacht ausgestattetes Vereinsmitglied vertreten lassen.

Stifter, Förderer, Ehrenmitglieder und korrespondierende Mitglieder genießen die gleichen Rechte wie die ordentlichen Mitglieder.

Die Mitglieder des Sonnblick-Vereines erhalten jährlich einen gedruckten Jahresbericht.

§ 6. Aufnahme der Einzelmitglieder, Austritt aus dem Verein. Die Aufnahme der Einzelmitglieder erfolgt durch den Vereinsausschuß und kann ohne Angabe von Gründen abgelehnt werden. Der Austritt aus dem Verein ist vor Jahresende dem Vereinsausschuß schriftlich anzuzeigen.

§ 7. Besorgung der Vereinsangelegenheiten. Die Vereinsangelegenheiten werden besorgt: a) durch die Hauptversammlung (§ 8), b) durch das Kuratorium (§ 9), c) durch den Vorsitzenden, dem der Vereinsausschuß (§ 10) zur Seite steht.

§ 8. Die Hauptversammlung. Die Hauptversammlungen werden als ordentliche oder außerordentliche einberufen. Zu jeder werden die Mitglieder mit Namhaftmachung der Verhandlungsgegenstände schriftlich eingeladen, ebenso die Mitglieder des Kuratoriums, auch wenn sie nicht Einzelmitglieder des Vereins sind; solche Mitglieder des Kuratoriums haben eine beratende Stimme. Die ordentliche Hauptversammlung findet in der Regel alljährlich im ersten Halbjahr statt. Eine außerordentliche Hauptversammlung muß einberufen werden, wenn die Mehrheit der Mitglieder des Kuratoriums oder mindestens 100 Mitgliederstimmen dies verlangen.

Eine Hauptversammlung ist beschlußfähig, wenn mindestens 20 stimmberechtigte Personen, die mindestens 420 Stimmen vertreten, zugegen sind. Ist die einberufene Hauptversammlung wegen Nichtanwesenheit dieser Zahl von Mitgliedern zur festgesetzten Stunde nicht beschlußfähig, so findet eine halbe Stunde später eine Hauptversammlung mit derselben Tagesordnung statt, die ohne Rücksicht auf die Zahl der Anwesenden beschlußfähig ist.

Den Vorsitz in der Hauptversammlung führt der erste Vorsitzende. Die Beschlüsse werden mit Ausnahme der in § 15 und 16 festgesetzten Verhandlungsgegenstände mit einfacher Stimmenmehrheit gefaßt, bei Stimmengleichheit entscheidet der Vorsitzende. Die Wahlen geschehen, sofern die Hauptversammlung über Antrag nicht anders bestimmt, mittels Stimmzettels; zur Feststellung des Stimmenverhältnisses ernennt der Vorsitzende am Beginn der Verhandlung zwei Stimmenzähler.

Der ordentlichen Hauptversammlung sind vorbehalten:

a) Die Wahl des Vereinsausschusses auf die Dauer eines Jahres;

b) die Wahl jener Mitglieder des Kuratoriums, die aus der Gesamtheit der Einzelmitglieder auf drei Jahre gewählt werden. Hiebei stimmen bloß die Einzelmitglieder;

c) die Wahl der Rechnungsprüfer auf die Dauer eines Jahres. Die Austretenden sind wieder wählbar;

d) die Prüfung und Genehmigung des Jahresberichtes über die Vereinsgebarung und des Berichtes der Rechnungsprüfer;

e) die Genehmigung des Voranschlages;

f) die Entlastung der Mitglieder des Vereinsausschusses;

g) die Wahl von Ehrenmitgliedern und korrespondierenden Mitgliedern;

h) die Änderung der Statuten;

i) die Auflösung des Vereins.

§ 9. Das Kuratorium. Das Kuratorium setzt sich zusammen:

a) Aus zwei Mitgliedern, die von der Bundesregierung entsendet werden;

b) aus drei von der Akademie der Wissenschaften in Wien ernannten Mitgliedern; zwei von diesen müssen der Österreichischen Gesellschaft für Meteorologie und eines von diesen der Zentralanstalt für Meteorologie und Geodynamik in Wien angehören;

c) aus je einem von der Landesregierung Salzburg und Kärnten entsendeten Mitglied, aus je einem Vertreter des Österreichischen Alpenvereins und des Touristenvereins „Die Naturfreunde";

d) eine allfällige Zuwahl weiterer Vertreter alpiner Vereine trifft das Kuratorium. Die Nominierung der Vertreter vollziehen die alpinen Vereine;

e) aus fünf Mitgliedern aus dem Kreise der Einzelmitglieder; diese werden von der Hauptversammlung gewählt. Scheidet eines der entsendeten bzw. ernannten Mitglieder des Kuratoriums aus, so haben die zur Entsendung ermächtigten Körperschaften ein anderes Mitglied in das Kuratorium zu entsenden.

Die Mitglieder des Kuratoriums erhalten kein Entgelt.

Das Kuratorium konstituiert sich alljährlich aus den von den Körperschaften entsendeten und von der Hauptversammlung gewählten Mitgliedern. Ihm obliegt die Fühlungnahme mit den obersten Behörden und wissenschaftlichen Körperschaften und es unterstützt und berät den Ausschuß in wichtigen Vereinsangelegenheiten. Es wählt den Leiter des Observatoriums und dessen Stellvertreter aus der Reihe der österreichischen Fachmeteorologen auf die Dauer von drei Jahren, und zwar im Einvernehmen mit der Zentralanstalt für Meteorologie und Geodynamik in Wien auf Vorschlag des Vereinsausschusses.

Das Kuratorium ist beschlußfähig, wenn mindestens acht Stimmen vertreten und mindestens fünf Mitglieder anwesend sind. Es faßt seine Beschlüsse mit einfacher Stimmenmehrheit; bei Stimmengleichheit entscheidet die Stimme des Vorsitzenden. Im Fall ein Mitglied verhindert ist, einer Sitzung beizuwohnen, kann es seine Stimme an ein anderes Mitglied durch schriftliche Vollmacht übertragen; die von den Behörden und Körperschaften entsendeten Mitglieder vertreten auch ohne besondere Vollmacht alle Stimmen der betreffenden Behörden und Körperschaften.

§ 10. Der Vorsitzende und dessen zwei Stellvertreter. Der Vorsitzende vertritt den Verein nach außen; er beruft und leitet die Hauptversammlung sowie die Sitzungen des Kuratoriums und des Vereinsausschusses. Er überwacht die Durchführung der in diesen gefaßten Beschlüssen.

Der Vereinsausschuß besteht aus dem Vorsitzenden, zwei stellvertretenden Vorsitzenden, zwei Schriftführern und dem Schatzmeister; er wird zur Erledigung der laufenden Angelegenheiten einberufen und faßt seine Beschlüsse mit einfacher Stimmenmehrheit; bei Stimmengleichheit gibt die Stimme des Vorsitzenden den Ausschlag. Der Vereinsausschuß ist beschlußfähig, wenn mindestens vier Mitglieder anwesend sind. Urkunden über Rechtsgeschäfte des Vereins werden rechtsverbindlich vom Vorsitzenden oder dessen Stellvertreter gezeichnet, solche vermögensrechtlicher Natur auch von dem Schatzmeister. Alle Obliegenheiten des Vorsitzenden werden in seiner Verhinderung von einem der stellvertretenden Vorsitzenden ausgeübt.

§ 11. Die Schriftführer führen im Einvernehmen mit dem Vorsitzenden die Vereinsgeschäfte und den laufenden Schriftverkehr.

§ 12. Der Schatzmeister. Dem Schatzmeister obliegt die Führung der Kasse; er hat darüber dem Kuratorium und der Hauptversammlung Rechnung zu legen.

§ 13. Leitung. Die Leitung des Observatoriums steht dem Leiter zu. Er und sein Stellvertreter werden aus der Reihe der österreichischen Fachmeteorologen vom Kuratorium auf die Dauer von drei Jahren gewählt, und zwar im Einvernehmen mit der Zentralanstalt für Meteorologie und Geodynamik in Wien über Vorschlag des Vereinsausschusses.

§ 14. Die Rechnungsprüfer. Die Hauptversammlung wählt alljährlich zwei Rechnungsprüfer, die verpflichtet sind, die gesamte Kassagebarung zu prüfen und darüber dem Kuratorium und der nächsten Hauptversammlung zu berichten.

§ 15. Änderung der Satzungen. Eine Änderung der Satzungen kann, wenn sie ordnungsgemäß auf die Tagesordnung gesetzt wurde (§ 8), in der Hauptversammlung nur von mindestens zwei Dritteln der vertretenden Stimmen beschlossen werden. Sie kann nicht erfolgen, wenn die Akademie der Wissenschaften in Wien dagegen Einspruch erhebt.

§ 16. Auflösung des Vereins. Die Auflösung des Vereins kann nur von einer Hauptversammlung beschlossen werden, zu der sämtliche Mitglieder unter ausdrücklicher Bekanntgabe des Verhandlungsgegenstandes mindestens vierzehn Tage vorher eingeladen worden sind und in der mindestens ein Drittel der stimmberechtigten Mitglieder, die jedoch die Hälfte sämtlicher Stimmen repräsentieren müssen, anwesend sind.

Der Beschluß kann nur mit Dreiviertelmehrheit gefaßt werden. Bei Auflösung des Vereins fällt das Vereinsvermögen der Akademie der Wissenschaften in Wien zu, wenn sie die Station weiterführen will. Ist sie nicht hiezu gewillt, so geht das Vereinsvermögen an die Österreichische Gesellschaft für Meteorologie über, wenn sie die Weiterführung des von ihr gegründeten Observatoriums wieder übernimmt. Ist auch dies nicht der Fall, so wird das Vereinsvermögen flüssig gemacht und der Erlös der Akademie der Wissenschaften in Wien mit der Bestimmung überwiesen, das Kapital zur Förderung der meteorologischen Wissenschaft zu verwenden.

§ 17. Schiedsgericht. Über Streitigkeiten, die aus dem Vereinsverhältnis erwachsen, entscheidet ein aus Vereinsmitgliedern zu bestellendes Schiedsgericht ohne weiteren Rechtsmittelzug.

Jeder der beiden Streitteile bestimmt binnen acht Tagen nach Anordnung des Schiedsgerichtes durch den Vorsitzenden einen Schiedsrichter. Diese wählen eine dritte Person als Obmann. Wird über dessen Wahl keine Einigung erlangt, so bestellt ihn das Kuratorium. Das Schiedsgericht ist an keine bestimmte Form des Verfahrens gebunden und fällt seine Entscheidungen mit Stimmenmehrheit.

Ergebnisse der meteorologischen Beobachtungen auf dem Sonnblickgipfel (3106,5 m) in den Jahren 1951 und 1952

	Luftdruck, mm[1])			Temperatur			Bewölkung, Zehntel	Niederschlagsmenge, mm[2])	Zahl der Tage mit				Tage				Sonnenscheindauer in Stunden	Windstärke, m/sec
					Absolutes													
	Mittel	Max.	Min.	Mittel	Max.	Min.			Niederschlag ≧ 0,1 mm	Schnee	Nebel	Sturm	Heitere	Trübe	Frost	Eis		
1951																		
Jänner	514,7	522,3	505,3	—10,8	—2,7	—19,8	8,9	296	20	20	23	12	0	24	31	31	68	7,4
Februar.....	13,0	19,7	04,0	—12,6	—6,6	—20,8	8,4	149	20	20	21	15	0	15	28	28	91	8,4
März	13,0	20,7	04,5	—12,1	—2,6	—23,7	8,6	166	20	20	26	13	0	21	31	31	97	7,2
April	19,4	26,4	13,3	—8,6	—2,0	—16,0	6,9	117	17	17	24	12	5	11	30	30	199	6,6
Mai	19,8	28,3	11,2	—4,4	4,0	—11,3	9,2	53	15	15	26	9	0	24	31	26	147	5,7
Juni........	24,8	31,6	16,1	—0,2	6,8	—4,6	8,4	93	23	20	27	6	2	21	22	11	168	4,4
Juli	27,2	31,4	21,4	1,7	10,4	—6,8	7,7	79	15	14	26	5	1	19	18	4	208	5,7
August	26,3	31,1	19,6	2,6	10,6	—3,8	7,8	80	20	18	23	13	2	17	12	1	199	6,1
September ..	26,4	30,9	21,9	1,2	7,2	—8,2	6,5	79	18	15	24	9	3	12	18	6	144	5,0
Oktober	23,1	28,1	18,9	—4,7	3,7	—13,0	5,9	19	6	6	16	14	9	13	31	27	210	6,9
November...	17,3	27,7	07,4	—7,5	1,6	—17,8	9,0	261	21	21	23	17	1	25	30	29	66	8,6
Dezember ...	20,7	30,8	06,7	—8,4	0,0	—21,4	7,2	62	10	10	14	14	3	15	31	30	149	7,3
Jahr........	520,5	531,6	504,0	—5,3	10,6	—23,7	7,9	1454	205	196	273	139	26	217	313	254	1746	6,6
1952																		
Jänner......	513,2	529,3	593,0	—14,8	—3,4	—25,0	8,3	142	23	23	24	17	0	18	31	31	83	7,6
Februar.....	13,6	24,1	01,0	—15,2	—7,0	—24,2	8,5	139	20	20	24	14	1	20	29	29	86	7,9
März	15,2	20,8	07,0	—11,1	—3,4	—25,2	8,6	222	21	21	23	9	1	22	31	31	140	6,8
April	21,8	28,0	07,0	—5,1	2,2	—20,6	9,1	48	15	15	19	7	0	24	30	26	177	5,0
Mai	22,0	27,0	16,5	—4,4	2,0	—12,0	9,2	140	22	22	31	10	0	24	31	22	88	6,4
Juni........	26,4	33,4	21,7	0,0	5,8	—7,0	8,6	148	19	18	24	4	1	21	26	8	189	4,8
Juli	28,5	35,2	19,9	3,9	14,2	—5,1	7,9	103	19	10	19	3	1	19	9	0	236	4,3
August	26,6	32,1	19,2	3,0	12,0	—6,2	7,0	142	22	18	25	8	1	14	10	0	211	5,4
September ..	21,5	28,7	12,0	—3,6	4,0	—13,8	8,0	178[3])	20	18	27	11	2	18	30	21	104	6,4
Oktober	20,0	27,6	12,4	—6,2	2,1	—16,8	8,3	169[3])	21	21	24	9	2	21	31	30	88	5,9
November...	14,6	23,9	04,5	—11,7	—2,4	—20,7	7,4	152	17	17	23	9	0	12	30	30	80	6,5
Dezember ...	14,4	23,1	499,6	—12,4	—2,8	—22,7	7,1	157	22	22	25	17	3	17	31	31	81	6,9
Jahr........	519,8	535,2	499,6	—6,4	14,2	—25,2	8,2	1740	241	225	288	118	12	230	319	259	1563	6,2

[1]) ohne $B_c = -0{,}56$ und $G_c = -0{,}21$ [2]) Mittel aus Nord- und Südkübel [3]) nur Nordkübel

Methoden und Probleme der Wettervorhersage. Von Dr. **Heinz Reuter**, Privatdozent an der Universität Wien, Observator an der Zentralanstalt für Meteorologie und Geodynamik in Wien. Mit 46 Textabbildungen. VIII, 161 Seiten. Gr.-8°. 1954.

Ganzleinen S 132.—, DM 22.—, $ 5.25, sfr. 22.60

In den letzten Jahren sind neue, wichtige Erkenntnisse über den Mechanismus der atmosphärischen Vorgänge errungen worden, die für die Methodik der Wettervorhersage große Bedeutung gewonnen haben. Die moderne Entwicklung in Europa und Amerika findet ihren sichtbaren Ausdruck nicht zuletzt in der Ableitung objektiver Methoden für die Konstruktion von Vorhersagekarten des Boden- und Höhenfeldes, wodurch die eigentliche Wettervorhersage eine verläßliche und objektive Grundlage gewinnt. Erstmalig bringt das Buch von *Reuter* eine zusammenfassende Darstellung dieser Methoden sowie der aktuellen Probleme der Wettervorhersage im allgemeinen. Der Verfasser hat sich bemüht, den nicht immer einfachen Stoff mit möglichst geringem Umfang an Mathematik in einer Form zu bringen, die den Bedürfnissen des Wissenschaftlers und des Meteorologen im praktischen Wetterdienst gleichermaßen entgegenkommt.

Inhaltsübersicht: Der synoptische Wetterzustand. — Kinematische Analyse und Extrapolation des Druckfeldes. — Kopplung von Boden- und Höhendruckfeld. Steuerung der atmosphärischen Druckgebilde. — Entstehung und Entwicklung von Tiefdruckgebieten. — Konstruktion von Vorhersagekarten. — Theorie der mathematischen Wettervorhersage. Vorausberechnung der Druckverteilung durch numerische Integration. — Die Vorhersage des tatsächlichen Wetters. — Literatur-, Namen- und Sachverzeichnis.

XLVIII. Jahresbericht des Sonnblick-Vereines für das Jahr 1950. Geleitet von Prof. Dr. **Ferdinand Steinhauser**, Wien. Mit einer ganzseitigen Bildtafel und 8 Abbildungen im Text. 38 Seiten. 4°. 1952.

Steif geheftet S 20.—, DM 4.—, $ —.95, sfr. 4.10

Inhaltsverzeichnis: Phantasie vom Sonnblick. Von **R. Holzer.** — Die Wichtigkeit der Bergobservatorien für die Meteorologie der Gegenwart. Von **H. Ficker.** — Die Sonnblick-Gletscher in den Jahren 1938 bis 1951. Von **H. Tollner.** — Der Jahresgang der Niederschlagswahrscheinlichkeit auf dem Sonnblick, 3106 m. Von **F. Steinhauser.** — Die Geschichte des meteorologischen Observatoriums auf dem Hochobir, 2041 m. Von **J. Lukesch.** — Der Bergtod des Beobachters Georg Rupitsch und seiner Frau am 9. November 1944, ein Nachruf von **L. Binder.** — Bergtod eines verdienten Mitarbeiters. — Lawinentod eines Sonnblickträgers. — Geschichte und Tätigkeit des Sonnblick-Vereines und seiner Observatorien von 1939 bis 1950. — Vereinsnachrichten. — 50 Jahre meteorologisches Observatorium auf der Zugspitze. — Ein Sonnblickbuch! — Ergebnisse der meteorologischen Beobachtungen auf dem Sonnblickgipfel im Jahre 1950.

Die Meteorologie des Sonnblicks. I. Teil. Beiträge zur Hochgebirgsmeteorologie nach Ergebnissen 50jähriger Beobachtungen des Sonnblickobservatoriums, 3106 m. Von Prof. Dr. **Ferdinand Steinhauser**, Wien. Mit 25 Abbildungen und 117 Tabellen im Text, 25 Tabellen im Anhang. 180 Seiten. 4°. 1938.

Steif geheftet S 60.—, DM 10.—, $ 2.40, sfr. 10.—

Die Zentralanstalt für Meteorologie und Geodynamik in Wien 1851—1951. Von Prof. Dr. **Heinrich Ficker**, Wien. Mit 3 Tafeln. 32 Seiten. 4°. 1951. (Denkschriften der Österreichischen Akademie der Wissenschaften. Mathematisch-naturwissenschaftliche Klasse. 109. Band, 1. Abhandlung.)

S 11.50, DM 2.30, $ —.55, sfr. 2.40

Zu beziehen durch jede Buchhandlung